もっと

素晴らしきお菓子缶の世界

中田ぷう

NAKAT

お菓子缶のコレクションは手元にあるだけでも1000缶以上。今は亡き祖父の部屋を「お菓子缶部屋」として使わせてもらっている。シーズンごとに飾るお菓子缶は、入れ替えたりもする。

いつしか失くしてしまった、祖父に買ってもらった「CHARMS(チャームス)」のキャンディ缶。前著では撮影することが叶わなかった。ある方がご厚意で当時のものを譲ってくださり、今回、撮影することができた。私がお菓子缶の世界にはまるきっかけとなった缶がこれだ。「CHARMS」の缶は今から15年前に販売を終了している。

はじめに

お菓子缶ブームの前夜となった 1970 年代。
第一次お菓子缶ブームが起こった 2010 年頃。
そして 2020 年あたりから、
コロナ禍をきっかけに、第二次お菓子缶ブームが幕開けしました。
これまで以上に多くのお菓子缶が生まれ、話題となり、
私ですらもう全部は把握しきれないほどです。
これほどまでに人を魅了するお菓子缶。

しかし今、熱狂的なブームの裏、お菓子缶は危機にもさらされています。
コロナ禍による旅行者の減少で、ご当地お菓子缶は購入する人が激減。
それだけではありません。世界的な物価高騰。円安。そして戦争。
お菓子缶はこうした時事問題の影響も直接的に受けます。

でも、そんな時代だからこそ、素晴らしきお菓子缶たちを 1 つでも多く、
皆さんに知ってもらいたい。
ひと缶、ひと缶に込められた思い、そしてデザインのストーリーを知ってほしい。
知れば知るほどお菓子缶はますます味わい深くなり、
ただの "お菓子が入った入れ物" ではなくなります。

今回も多くのご協力をいただき、500 缶以上の缶を掲載することができました。
中には普段見られない、貴重な古い缶もあります。
どうぞ、本書を通じてお菓子缶の世界にどっぷりはまってください。

私のお菓子缶の旅はまだまだ続きます。

2022 年 12 月　中田ぷう

Contents

※商品の情報は2022年12月現在のものとなります。

その後のお菓子缶の世界

2021年10月、第一弾となった『素晴らしきお菓子缶の世界』を刊行後、第二次お菓子缶ブームは最高潮に達した。いまだその勢いは衰えることなく、次々と新しいデザインのお菓子缶が発売され、もはやマニアたちですら追いつけないほどのスピードだ。一部ではあるが、『素晴らしきお菓子缶の世界』にも登場したブランドから、その後、どのような新たなデザインが生まれたかを追ってみた。

ラ・キュール・グルマンド
LA CURE GOURMANDE

2020年秋にプロヴァンスの四季をモチーフにした「キャトルセゾン」シリーズを発売。季節限定のため、各缶その時季のみ販売される。「三越伊勢丹オンラインストア」では常に売り上げランキング上位5位に入るほどの人気を誇る。デザインはフランス本社の社内デザイナーが手がけた。

Spring
花の香りが漂う、開花の季節を迎えたプロヴァンスの春を表現。

Summer
プロヴァンスの夏の太陽の光と、花から花へと飛び回る蝶を描いて。

Autumn
遅咲きの花々と色づいた葉に覆われたプロヴァンスの秋の風景。

Winter
クリスマスホーリーやロビンなどの冬の鳥が描かれている。

アソートメント・グルマンド（スプリング・サマー・オータム・ウインター）

JULES DESTROOPER
ジュールス・デストルーパー

白と紺で構成されたシンプルな"本家缶"とは別に、アート性に優れた缶を生み出してきた当ブランド。2022年6月、世界遺産に登録された、ベルギーのベギン会修道院の光景を描いた缶を復刻販売。

ミニ ベギナージュ缶
◎アメリコ

BARBERO
バルベロ

創業間もない1885年に作られた缶のデザインを今も継承する、イタリアの伝統菓子ブランド「バルベロ」。人気のトリュフチョコレートやトロンチーニをアソートしたギフト缶は、深みある赤い缶に、イタリアではクリスマスを告げる鳥と言われる「ヨーロッパコマドリ」が描かれている。

バルベロ ペッティロッソ缶
◎山本商店

Le Chocolat des Français
ル・ショコラ・デ・フランセ

2シーズン前から毎年新作の缶を発表しており、2022年も2つの缶が日本に上陸した。カラフル、そしてポップでありながらも、フランスらしい品の良さを感じさせる色使いが魅力。

LCDF タトゥークマ／缶（チョコマシュマロベア）、
LCDF メルティングポット／オーバル缶（ダークトリュフチョコ）

◎エクレティコス

HOKKA
ホッカ

2022年8月、「hokka」の地元である石川県の伝統工芸・加賀友禅柄の缶を発売。デザインは加賀友禅作家・毎田仁嗣氏による描き下ろし。四季をイメージした草花が赤い缶に艶やかに映える。

米蜜ビスケット加賀友禅柄ギフト缶
◎北陸製菓

銀座ウエスト

2022年7月1日、「ウエスト創業75周年記念ドライケーキ缶」を限定1万8000個販売。2019年バレンタイン用に発売し、人気を博したクッキーアイコン柄を復活させた。

コバトパン工場

クリスマス限定缶は、クリスマス前に完売するほどの人気。
2022年、バレンタイン＆ホワイトデー用として発売された
「COBATO レトロ缶 苺」もあっという間に完売。2022年秋
からは、レトロ缶第二弾である、ミルクも仲間入りした。

COBATO
レトロ缶 苺
（秋冬限定）

COBATO
レトロ缶
ミルク
（秋冬限定）

2022年 COBATO
クリスマス缶（現在終売）

2021年 COBATO
クリスマス缶（現在終売）

チョコレート
アソート缶 L

カファレル
Caffarel

2022年秋冬コレクションでは、レトロさと
シックさが備わるデザイン缶が多数登場。

チョコレート
アソート缶 M

チョコレート
キャニスター M

チョコレートキャニスター S

🏠 山本商店

バラエティビスケット缶

ピンク小缶

アップルシュトロイゼルビスケット缶

ベージュ小缶

オンクル・アンシ
Oncle HANSI

多くの新作缶が出され、ラインナップが充実。アルザスの
伝説的アーティスト・アンシおじさんのイラストはもちろん
のこと、このブランドの缶はどれも配色の美しさが魅力。

オーバル
イエロー缶

オーバル
ブルー缶

® 山本商店

友人の母上が 1960 年代、ロンドン土産としてもらったという「ハントリー＆パーマー社」のビスケット缶。華やかではあるが、細かなエンボス加工など華美な装飾ではない。英国では第一次世界大戦時以降、物資不足のため、お菓子缶はシンプルなデザインになっていったと言われている。詳細まではたどりつけなかったが、本国の HP によると「ハントリー＆パーマー社」は 1990 年代初頭まで営業を行っていたようである。現在もその名を残してはいるが、ビスケット缶はなく、チョコレート缶が存在するのみだ。

美しき英国のお菓子缶を牽引した、「ハントリー＆パーマー社」

なぜお菓子缶を語るうえで、英国が外せないのか。それは英国の日常には欠かせないビスケットがあり、そのビスケットを守るため“ビスケットを保存する缶”の歴史も古くからあるからだ。一説によるとヴィクトリア朝時代（1837 ～ 1901 年）にはすでにビスケット缶が存在していたと言われている。産業革命による経済の発展が頂点に達した頃である。日本でお菓缶が世の中に広まったのは 1909 年だから、英国は“ひと足先に”ということになるだろう。
英国で最初にビスケット缶を作ったと言われているのが、「ハントリー＆パーマー社」。1822 年、パーマー男爵によって設立された同社は、のちに世界最大のビスケット工場を所有するようになるが、その成功のカギとなったのが“缶”だった。同社は、それまで運搬用として使用していた大型の缶を小型化。加えて美しく装飾を施し、土産ものとして販売しだした。これが当時の中産階級の人々の間で評判となり、「ハントリー＆パーマー社」の名は広がっていく。お菓子缶が強力な営業ツールであることが証明された出来事だった。この 19 世紀末から 20 世紀初頭に作られた同社のお菓子缶は今となっては美術工芸品であり、世界中にコレクターが存在。高値で取り引きされている。
英国のお菓子缶が精巧で、細工の細かいものが多いのは、こうした長きにわたるお菓子缶の歴史があったからだろう。

PART 1

いつか必ず手に入れたい
素敵なお菓子缶

数あるお菓子缶の中から、いつか必ず、何
としてでも手に入れたいお菓子缶を厳選。
前著でも10個あげ、もうあれを超えるも
のはないと思っていたが、余裕で新たに
10個選び出してしまった。欲は果てない。

「パティスリーレ・ド・シェーブル」の
ヤギミルククッキー（スイート、海、スパイス＆ハーブ、野菜）

PÂTISSERIE
LAIT DE CHÈVRE

本州最東端、岩手県宮古市にある日本初、もしかすると世界初のヤ
ギミルクスイーツの専門店「パティスリーレ・ド・シェーブル」。はっき
りとした色調の水玉缶に、看板キャラクターである、やぎのイボンヌ
が描かれたポップアートのようなクッキー缶は、2022 年、クッキー缶
を一新した際に誕生した。やぎのイボンヌと水玉のセットは "レ・ド・
シェーブル" のシンボルでもあり、三陸鉄道や岩手県北バスとコラボ
した際も、両車体にイボンヌ×水玉模様のラッピングが施された。

千葉県九十九里の海からわずか3分の場所に焙煎所を構える「ザライジングサンコーヒー」。焙煎士として活躍している坂口憲二氏が立ち上げた、オリジナルコーヒーブランドである。日本に今までこのようなアメリカン・ヴィンテージかと思わせるお菓子缶はなかった。それだけに個性的で唯一無二。ちなみに描かれているのは、「ザライジングサンコーヒー」のオリジナルキャラクター、コーヒー豆の「ロックくん」。千葉県九十九里出身、年齢204歳、趣味はサーフィン。彼女はいるという。

「The Rising Sun Coffee」の
シナモンロック シナモン味（山、太陽、海）
THE RISING SUN COFFEE

フランスのサブレブランド「ラ・サブレジエンヌ」には、フランスの美学とエスプリが詰まっており、もはや芸術品として鑑賞できるほど美しい缶が揃う。中でも「ラ・サブレジエンヌ」発祥の地、ロワール地方に1946年から実在する「ラ・フレーシュ動物園」をモチーフとした缶は、2021年の夏に登場して以来、これを超える美しい缶に出会っていない。"かわいい"に傾きがちな動物缶のデザインだが、あくまでも大人の美学を貫いたところが、さすがフランスブランドというべきであろう。

「ラ・サブレジエンヌ」の
「ラ・フレーシュ動物園」

LA SABLESIENNE

⊕ シャルマン・グルマン

14

COOKIE UNION

「クッキー同盟」の
クッキー同盟アソート缶

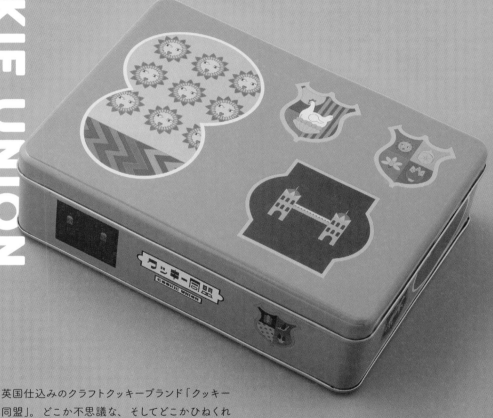

英国仕込みのクラフトクッキーブランド「クッキー同盟」。どこか不思議な、そしてどこかひねくれたようなデザイン。今まで日本にはなかった異端の匂いがするお菓子缶。"かわいいは正義"の日本において、マニアックすぎるところがたまらなくそそる。事実、ありきたりの"かわいい"や"ナチュラル"を目指したわけではないという。デザインを手がけたのは、平野篤史氏（AFFORDANCE inc.）。英国の文化や文学ににじむ混沌や不条理、そして不思議さを表現したという。

◉ブロードエッジ・ファクトリー

撮影現場でもスタッフの間で「素敵」と話題になったこの缶は、フレンチビストロの店「KUVAL（クバル）」（東京・三鷹）のもの。ワニの絵は、オーナー夫妻が以前から好きだった画家の田中健太郎氏が手がけた。田中氏の動物の絵の中でも、ことワニの絵が好きだったことからワニにしたという。その田中氏の絵を忠実に再現するためにも、シルクスクリーン印刷（※）をしてくれる製缶会社を探し、やっとの思いで完成した。メインはビストロのため、クッキー缶の製造は月30缶が限界というだけあり、1日で完売してしまうこともある。

※シルクスクリーン印刷とは、簡単にいうとインクが通過する穴と、インクが通過しないところを作ることで製版し、印刷する技法。一般的な印刷方法よりもインクが厚めなため、色彩がはっきりとし、デザインをそのまま表現することができる。

KUVAL

「KUVAL」の
クッキー缶

「太陽ノ塔 洋菓子店」の
「タイヨウノカンカン mini ポルボロン」
（アールグレイ、いちご、抹茶、ココア、プレーン）

カフェ「太陽ノ塔」（大阪・中崎町）は 2019 年に最初のクッキー缶を誕生させて以来、独自の美学を貫いた、芸術性に富んだクッキー缶を生み出している。中に入っているポルボロンのフレーバーに合わせた缶の色、そしてカタカナの商品名が目立つよう施したエンボス加工。シンプルなのに強烈な個性。実はこの缶、スイーツマニアや缶マニアだけではなく、オタクの推しカラーアイテムとしても重宝されているという逸話を持つ。

2014年、店主の笠井みゆき氏が「生まれ育った相模原がおしゃれでかわいい店であふれたらいいのに」という子どもの頃からの思いを胸にカフェ兼アトリエとしてオープンした。ショップのテーマカラーであり、手に取った人が元気が出るようにと、明るいオレンジの缶を選んだ。しかし発色が難しい色のため、調色職人が1つ1つ仕上げていったという。中にはブランドを代表する焼き菓子の1つであるチョコレートチップクッキーが入っており、ひと目で看板商品であることがわかってもらえるよう、ロゴのみという突き抜けたデザインにした。

COOKIE&SCONE COO

「Cookie & Scone Coo」の
クッキー缶

「赤坂プリンスクラシックハウス」の
紀尾井町バタークッキー

東京都指定有形文化財である「赤坂プリンスクラシックハウス」は、昔の"赤坂プリンスの旧館"のことで、1930年、国の要人の邸宅として建てられた。そして2016年、現在の姿になる際、誕生したのがこのクッキー缶だ。初夏、敷地内の庭園を彩るバラの色を用い、クラシカルながらもどこかハイカラなデザインを施した。また、ギフトとして渡されたときに邪魔にならないサイズ感を追求。オンライン販売などは行っておらず、建物内にあるレストラン「ラ・メゾン・キオイ」でのみ購入できる。

福岡にカフェの本店を持つ、フレンチトースト専門店「Ivorish（アイボリッシュ）」。レトロアメリカンをテーマにした缶は、デニム地にフレンチトーストやクロワッサン、バゲットが躍動感を持って描かれている。イラストを手がけたのは万野幸美氏。そして小ぶりな缶が主流の今、めずらしい大きめサイズの缶であることも特徴的（深さは 10.5cm もある）。これには食べ終わったあと子どものおもちゃ箱にしてほしいという願いが込められている。カフェでの販売はなく、「グランスタ東京」「博多阪急」常設店、催事で販売している。

「Ivorish」の
プレミアムアソート

IVORISH

「三鷹の森ジブリ美術館」の
ジブリ美術館オリジナル 紋章クッキー

GHIBLI MUSEUM SWEETS SELECTION

GHIBLI MUSEUM, MITAKA

©Studio Ghibli

COOKIES

FINE CONFECTIONERY USING NATURAL INGREDIENTS

SINCE 2001

「三鷹の森ジブリ美術館」内のミュージアムショップ「マンマユート」にて2003年に発売（現在はオンラインでも購入可能）。20年近く経った今でも定番土産として、不動の人気を誇る。エンボス加工が施されたジブリ美術館の紋章が、私の中では「ハウルの動く城」を思い起こさせる。実際は短編映画のフィルム缶をイメージし、美術館で流されている短編映画のオープニングに登場するキャラクターたちが缶のふちを取り囲んでいる。かわいいけれど美しい缶は、美術館のスタッフも食べ終わったあと捨てられないようで、裁縫箱に使ったり、配布物を入れたりして再利用しているという。良き話。

缶底には案内役のヤマネコが隠れている。見つけてあげてほしい。

「阪急うめだ本店」催事「クッキーの魅力」は貴重なクッキー缶の宝庫

2018年から毎年3月頃に開催される、大阪・阪急うめだ本店の催事「クッキーの魅力」。会場には日本全国、そして世界各国から厳選されたクッキーが一堂に会する。袋や箱に入ったものもあるが、"催事限定販売"のクッキー缶も多い。また、関西には他県や東京進出をしない名スイーツ店が多く、関西ならではのお菓子缶にも出会うことができる貴重な機会だ。催事を企画し、5年にわたり牽引してきた中野彬子氏（現・阪急うめだ本店スペシャリティコンテンツ開発推進部）曰く、「関西ではお菓子の缶のことを"カンカン"と言い、クッキー缶も昔から人気があったため、2019年より会場にはかわいい缶の集積コーナーを設けています。ただ、2020年を境に缶人気は"安定した人気"ではなく、"伸び続けている人気"に変化してきていると感じています」。

今まで500種類以上のデザインの蝶番缶を出し、世界中にコレクターがいるフランスのガレットブランド「ラ トリニテーヌ」の「ロイヤルキャッツ」は2022年の会場でも大人気だったという。2016年の発売と同時に人気を博し、一時は入手困難にもなった猫缶だ。
◎宝商事

中野氏が最も愛する缶は、会場でも人気の高いフランスの「ラ・サブレジェンヌ」の「ジャルダン」缶。"ジャルダン"とはフランス語で庭を意味し、缶にはその名のとおり庭に咲く木花と、舞う蝶や鳥が描かれている。「上品で洗練されていて。この柄の壁紙があったらと思います」と中野氏。

アンジェリーナ
ANGELINA

1903 年創業。100 年以上の歴史を持つ、パリのサロン・ド・テ「アンジェリーナ」。かのココ・シャネルが愛した店としても有名。2022 年開催の「クッキーの魅力」に合わせて「アンジェリーナ」のチョコレート缶が輸入された。1920 年代を思わせるフラッパーファッションの女性が描かれている。日本での輸入は今回が初。会場ではあっという間に完売になったという。

チョコレートビスキュイ缶
◉ アルカン

2022年「クッキーの魅力」で注目の輸入缶

アングルマン
Un gourmand A PARIS

「アングルマン」は 1968 年、酪農が盛んなブルターニュで創業。海外向けに作られた商品のため、ひと目でフランスの商品であることがわかるよう、パリのランドマークであるエッフェル塔や地下鉄の駅がデザインされている。尚、デザインは毎年変わる。2022 年 3 月に輸入をしたが 2 週間で完売。2023 年の「クッキーの魅力」でも登場予定。

アングルマン・パレット＆ガレットデザイン缶
◉ ボーアンドボン

詰めの美学

ばかり囚われていて、実は中のお菓子にはあまり興味がない。あるとき、「では中身に
てくださいと言われたら、何をいちばん気にしますか」と聞かれ、"菓子の並び" を気に
ることに気づいた。機械ではできない"手詰め"で詰められた菓子を見ると、その美し
にある作業の大変さを想像し、感動を覚えるのだ。

「さかぐち」の 京にしき

その代表的な菓子が、東京は九段一口坂にある「さかぐち」の「京にしき」。和の持つ"粋"と
"上質さ"を表現した、味わい深い缶は創業時に制作されたもので、型絵染作家の故・鳥居
敬一氏が手がけた。ふたを開けると黒一色。びっしりと隙間なく海苔せんべいが並ぶ。専任の
スタッフが1つ1つ詰め合わせを行っており、機械では絶対にできない密度で敷き詰められて
いる。まさに日本の美。昨今、時代的にも個包装の菓子が増えているが、やはり缶を開けたと
きのときめきがない。手詰めの美学は永遠、後世に残したい。

敷き詰めの美学を感じるお菓子たち

「パレスホテル東京」の ココナッツサブレ缶と シナモン＆ジンジャーサブレ缶

ホテルのロゴだけがあしらわれた、シンプルなのにきちんとラグジュアリー感もある缶は、ふたを開けると隙間なくサブレが並ぶ。開けるたびに壮観だと思う。人に渡せば必ず感嘆の声が上がる。

敷き詰めの美学に並ぶ、 "並びの美学"

缶の中、菓子を敷き詰めるのではなく
平置きにした菓子缶を2つ紹介する。
敷き詰めとは違った見た目の美しさを楽しめる。

「赤坂プリンスクラシックハウス」の 紀尾井町バタークッキー

クラシカルながらもどこかハイカラなデザイン。缶の色は名建築「赤坂プリンスクラシックハウス」の庭園を初夏、彩るバラの色・モーブピンクを起用した。中には、敷地内にあるレストラン「ラ・メゾン・キオイ」で作られるバタークッキーが行儀よく並ぶ。

「エシレ・ パティスリー オ ブール」の プティブール・エシレ

中に入っているサブレのイラストがふたに描かれた大人かわいい缶。厚みも大きさもあるサブレなだけに並んだ姿は圧巻。"おいしさの迫力"に満ちあふれている。こちらも手詰めによる。

「マモン・エ・フィーユ」の フレンチビスキュイ缶

幾何学模様をオリジナルデザイン化した缶の中には、ビスキュイが手詰めされている。「フランスのパティスリーなどで売られているような、小さな箱に、伝統菓子がぎっしり詰まったパッケージをイメージ」して作ったという。「中の菓子にあまり興味がない」と書いたが、これだけは別。中身目当てでも買う。それほど美味。

「いちご大福と茶菓のお店あか」の akasand

世の中にはいちごが描かれたデザインは数多く存在する。そんなデザインと差別化を図るためにも缶にいちごは描かず、いちごの葉と花だけを描いた。しかしふたを開けた瞬間、整然と並ぶいちごのジャムサンドクッキーがいちご代わりになるという、ロマンティックな商品。

「中のお菓子はともかく、缶が欲しい」

お菓子缶は本来、お菓子が主役なのだが、ここ最近では缶が主役になっていることが多々ある。
それだけ魅力的なお菓子缶が増えているのだろう。缶そのものが人気の時代になってきた。缶は、
中に入れたものを光や空気から守ってくれる実用性はもちろんのこと、耐久性、そして何よりも
デザインの進化とそのデザインを映えさせる印刷技術が魅力的なのだろう。ここでは缶単体で
購入できるものを紹介する。

製菓・製パン材料のオンラ
インサイト「cotta（コッタ）」
で2022年に発売された、
ウィリアム・モリス（19世紀
のイギリスの詩人・デザイ
ナー）柄の缶。菓子作りが
好きな人の間で、ここ数年、
何種類ものクッキーを作って
缶に詰める"クッキー缶作り"
が流行っており、そのため素
敵な柄の"空缶"を作成した。

cotta ギフト缶
ウィリアム・モリス柄
（いちご泥棒・バラ）

留まるところを知らない、ここ最近の"昭
和レトロブーム"に火をつけたガラス食器
「アデリアレトロ」のデザインもキャニス
ター缶となり発売。
「アデリアレトロ」キャニスター缶野ばな
◎日東産業

1985年創業のイギリスの陶
磁器メーカー「エマ・ブリッ
ジウォーター」は、収納用
品として缶も作っており、「ハ
ロッズ」や「リバティ」など
ロンドンの有名百貨店でも取
り扱いがある。英国王室と
の関わりもあり、2022年の
プラチナジュビリーの際にも
記念の缶を作成している。

ドット柄缶
うさぎ柄缶

◎エリートティンズ

26

PART 2

最強のお菓子缶である
猫缶と動物缶

お菓子缶のモチーフとして、洋の東西を問
わず、動物というのは古くからあり、そし
て鉄板のモチーフだ。中でも猫が描かれた
"猫缶"は、日本においては絶対的な人気を
誇る。私たち人間を惑わさずにはいられな
い魅力的な猫缶、そして動物缶を紹介する。

大阪にある「パティスリージャンゴ」の猫缶は、"猫缶の最高峰"だと思っている。ネットで画像を見てから探し回り、あたりをつけた製缶会社にまで問い合わせて探しあてた。甘すぎない、フランスの菓子缶のような洗練度。ルディック

🐾 パティスリージャンゴ

世界の
スイーツブランドが
驚愕する、
"NIPPON
お猫さま最強説"

CAT CAT CAT

「ラ トリニテーヌ」の「ロイヤルキャッツ」（22ページ）

日本は、世界でも有数の猫缶（※）が人気の国である。
江戸時代まで、そのかわいさが修行の妨げになると高野山入
山を禁止されたとも伝えられている、魔性の動物・猫。お菓缶
の世界でも、猫たちはその魔性ぶりを発揮。多くの人間たちを
惑わしている。
国内ブランドのみならず、さまざまな海外ブランドも猫缶を出し
ているが、日本市場においては他国に比べダントツの人気を誇
る。海外のメーカーからすると日本独自の不思議な現象らしく、
輸入業者は「日本はなぜ猫缶ばかり売れるのか。犬ではなぜ
いけないのか」という問い合わせがよくあるという。一説には
犬好きは自分が飼っている犬種にしか興味を示さないが、猫好
きは猫でさえあれば野良でも飼い猫でも、三毛でも茶トラでも
構わず愛でるため、このような現象が起きると言われているが、
海外においてこの現象は起きてはいない。
日本人だけがどうやらお猫さまの魔法にかけられているらしい。
※ここでいう猫缶は、猫のデザインを施したお菓子缶のこと。

寄付につながる猫缶

ロシアンサブレ缶

パティスリーアンフルール
Patisserie un.fleur

2019年、店の敷地内に捨てられていたハチワレの「ゆきち」（缶ぶたの上の子。下は「ティアハイム小学校」出身の茶トラの「とらきち」）との出会いが、この缶が誕生したきっかけとなった。オーナーシェフである高畑建治氏が「ゆきちのような行き場を失った猫たちを助けたい」と一念発起。このクッキー缶を含む、対象商品の売り上げ10%を保護猫活動団体「ティアハイム小学校」に寄付するプロジェクトをスタートした。発売からすぐ缶の製造が追いつかないほどの人気商品となり、これまでに3500缶を超える売り上げを記録した。猫のイラストは、長崎のイラストレーターkaoru氏によるもの。猫の毛並みがしっかりと見えるシルクスクリーン印刷にこだわり、繊細なプリントの缶が出来上がった。

フェアリーケーキフェア
Fairycake Fair

ミュージシャンの坂本美雨氏とイラストレーター前田ひさえ氏がアイディアを出し合い、生まれたクッキー缶。坂本氏は、スタッフへのギフトとしても愛用しているという。愛猫家の間で、「神様のいたずら」と呼ばれる猫のめずらしい柄や不思議な模様。そんな個性豊かな猫たちのように、"個"が輝ける多様性のある世界になるようにと願いが込められたクッキー缶だ。収益の一部は、捨てられた動物を保護し、新しい里親を見つける活動を行う動物愛護団体へ寄付される。

Miracle Cat Cookie Tin（神様のいたずらネコクッキー缶）

Summer Miracle Cat Cookie Tin（神様のいたずらサマーネコクッキー缶）（夏季限定のため、現在は終売）

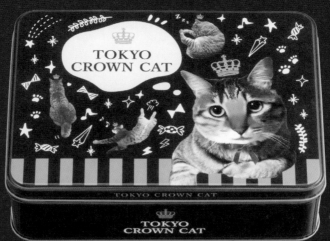

ロングフィナンシェ

TOKYO CROWN CAT

「TOKYO CROWN CAT」はキジトラランドの王様である「Mr.TORAKICHI」をマスコットキャラクターとする、スイーツブランド。コスメ缶を思わせるような女子力の高いデザインが特徴。そして他ブランドに比べて非常に良心的な値段であることも忘れてはならない。世界的な物価高の影響で、お菓子缶も値上がりをする中、「ロングフィナンシェ」缶ほどの大きさがある缶（縦15.2×横20.5×高さ6.5cm）に菓子が入って2000円以下に抑えられているのは企業努力以外のなにものでもないだろう。ここに紹介した缶以外にもラムネ缶や紅茶缶がある。売り上げの一部は保護猫団体に寄付されている。

にくきゅうチョコレート

にくきゅうグミ

プティスウィート
キャンディ

猫クッキー缶 大缶（ホワイト）

ネコラボ
NEKO LAB

大阪にあるバウムクーヘンとコーヒーの店「FRANCY JEFFERS CAFE（フランシー ジェファーズ カフェ）」の店舗とオンラインストアで取り扱いのある、"猫好きによる、猫好きのためのブランド"「NEKO LAB」。抜群にかわいくおしゃれな缶はもちろんのこと、テセレーションさながら愛らしい猫クッキーが敷き詰められている中身も必見。

人気のねこイラストレーター・365CAT.ART 氏によるイラストのクッキー缶が主力。猫好きじゃなければ絶対に捉えられない立ち姿やスン！ と澄ました表情。猫ぐるいであればこのイラストがどれだけ秀逸かわかるはずだ。

猫クッキー缶 中缶（ミント、バニラ）

イラストレーター・飴色の日常氏とコラボした「フルーツにゃんこクッキー缶」。いちごにメロン、ぶどう、レモンのファッションに身を包む猫たちが描かれている。
2022 年 1 月発売（現在終売）

猫クッキー缶（ピンク）はともに現在終売。

2021 年 秋

枯れ葉をバックに絵
描きなハチワレ猫を
デザイン。初年のみ
縦仕様のデザインと
なった。（現在終売）

2021年より季節限定で発売されているシー
ズン缶。数量限定ということもあるが、毎
シーズンあっという間に完売してしまう人気
の缶だ。イラストは365CAT.ART氏による。

2021 年 冬

雪降る夜空の下に立
ち並ぶ、冬の装い
の猫たちのイラスト
を使用。青が効い
た冬らしいデザイン
に。（現在終売）

2022 年 春

冬の限定缶から一
変。鮮やかな花に
囲まれた猫たちが
描かれた春爛漫な
デザイン。

奈良蔦屋書店2周年を記
念して作られたコラボ缶。
365CAT.ART氏による、鹿の
親子と読書とコーヒーを楽し
む6匹の猫が描かれている。

「deer & cats」缶
2022 年 4 月発売

2022 年 秋

前年の秋缶と違い、
冬缶・春缶のテイス
トを踏襲。美しい日
本の秋を背景に着
物猫が立ち並ぶイラ
ストに。（現在終売）

「書店」缶 2022 年 2 月発売（現在終売）

多くの賞を受賞した絵本『パン
どろぼう』シリーズの作者であ
る、柴田ケイコ氏とのコラボ缶
は2度にわたって発売された。

「猫ダンス」缶
2022 年 3 月発売
（現在終売）

ネコシェイプ缶
（ミケネコ、グレー、
ハチワレ、ブラウン）

エウレカ
Eureka

お菓子缶業界ではもはや伝説となった"カメラ缶"（106 ページ）を誕生させた、ギフトグッズメーカー「エウレカ」。既存の四角や丸い缶に猫のイラストがプリントされた猫缶はたくさんあるが、猫の形をした猫缶はめずらしい。オーナー自身がとくに猫好きというわけではなかったが、猫型の金型を見て、作ってみようと挑戦。しかし初年度の売り上げはそれほどでもなく、生産終了の予定だったが、店舗からの熱い要望で継続することに。それがいつしか安定の人気となり、現在では"毛色"が 4 種まで増えた。ちなみに初代猫缶はブラウンだった。

菜食菓子店 ミトラカルナ

卵、乳製品などの動物性食材、そして白砂糖を
使わないケーキや焼き菓子の専門店。店主が「い
つか作ってみたかった」というお菓子缶には、企
み顔の猫2匹がテーブルを囲む姿が描かれてい
る。ひとクセある猫のかわいさは猫好きならわか
るはず。イラストを手がけるのは自身も猫を飼っ
ているアーティストのRem氏。この表情を描ける
のは、猫を飼っている人でなければ無理だろう。

※内容によって商品名・値段ともに変更。

パティスリーレジュールウールー
Patisserie Les jours heureux

オーナー自身が缶完成時「ものすごくかわいい缶が
誕生してしまった！」と心の中で思ってしまったという。
イラストはこの猫缶のクッキーを食べようとしている猫
が描かれており、そのためイラストの中には猫缶や実
際に入っているクッキーも描かれている。当初は店頭
のみの販売だったが、全国から購入したいという声
が寄せられたため、オンライン販売も開始した。

クッキーアソート ねこ缶

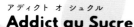
アディクト オ シュクル
Addict au Sucre

オーナーパティシエの石井英美氏が「無類の猫好
き」であることから、多くの猫缶を世に送り出して
きたブランド。この「レシャ アン パステル」は、
缶の側面5面を使うことで、猫ののびのびとした
動きやなめらかさが生きるデザインに。中でも猫好
きにはたまらない"腹部"のふわ感の描写が自慢だ。
イラストは当ブランドの缶のほとんどを手がけてい
る、デザイナーの廣瀬麻乃氏が担当。

レシャ アン パステル

2022年に発売された「ニャカロン詰め合わせ」も動きと華やかさのあるデザイン。
ニャカロン詰め合わせ（10個入）缶。

DALLOYAU
ダロワイヨ

1802年創業、フランスを代表するガストロノミー「ダロワイヨ」から2021年に誕生した日本オリジナルの猫キャラクター「ジョセフィーニャ」。ダロワイヨジャポンには猫好きの社員が多く、本物の猫のしぐさやかわいいポーズ、表情を日々研究し、イラスト化したのが「ジョセフィーニャ」だ。リアルな猫の表情やしぐさが受け、発売後すぐに増産が決まるほど人気を博した。ちなみに「ジョセフィーニャ」はトリコロールカラーの尻尾を持ち、"猫吸い"するとヴァニーユの香りがするという。パリの「ダロワイヨ」で働くパティシエと暮らしている。

2022年、デザインをリニューアル。パステルイエローに刷新した。初代デザインに比べ、「ジョセフィーニャ」が蝶と戯れたり、マカロンや花がちりばめられており、動きや華やかさが加わったデザインとなった。
ニャカロンラスク　イエロー

2021年に発売した初代「ジョセフィーニャ」缶。「ジョセフィーニャ」がマカロンに座るデザイン。

日本にオープンした際、話題をさらい、あっという間に完売した"猫缶"。ブラックにピンクという一見ゴシックな配色を猫缶に使う、高度なデザイン力を持った猫缶の登場は当時、衝撃的だった。
猫角缶2種アソート /
シャ・ブラン

ラ・サブレジエンヌ
La Sablesienne

芸術性の高いお菓子缶のデザインが、本国フランスでも評価されている「ラ・サブレジエンヌ」。猫缶もさまざま出しているが、どれもかわいいだけでは表現しきれない、おしゃれで洗練されたデザインなのが特徴。そして海外、とくにヨーロッパ圏のお菓子缶に言えることだが、猫の描写があくまでも写実的。抽象的だったり、"アニメーション的なかわいい加工"がなされていないところも大きな特徴だ。

猫角缶3種アソート / キジ猫

猫角缶3種アソート / シャ・バロック

🈁 シャルマン・グルマン

猫角缶3種アソート /
シャトン

37

1 ペルシアンピンク
キャット缶 チョッキー
スコフィ **2** サバンナ
ゴールドキャット缶 フ
ラッタースコッチ **3** ス
ピリットブルーキャッ
ト缶 ココナッツクラッ
シュ **4** ミッドナイト
プリンスキャット缶
ヴィーガン ココアニブ
ナイツ

モンティ ボージャングル
Monty Bojangles

2010 年英国で誕生し、今や世界的な人気を誇るチョコレートブランド「モンティ ボージャング
ル」。猫の"モンティ"が世界中を旅するというコンセプトのもと、ブランドのさまざまなパッケー
ジに"モンティ"が用いられている。 当ブランドは、ヴィーガン、フェアトレード、リサイクルな
どにも力を入れており、そのため再利用・リサイクルが可能な缶に着目。そして生まれたのが、
このユニークでエレガントな猫缶だった。「棚に並んだときに楽しく、そして美しく。かつ印象
的である」ことを目指して作られたこの缶は、形といい、色使いといい、唯一無二。そして強
度の異国感を感じさせてくれる。"かわいいが正義"の日本では、ここまで個性が強く独創的
な缶がなかなか作られないし、輸入もされない。それだけに希少。

◉マウントマヨンジャパン

猫以外も人気。
やはり強い、
動物缶

©C.S/JR東日本 /D

ホテルメトロポリタン

JR 東日本のマスコットキャラクターである、「Suica のペンギン」のクッキー缶は、缶マニア、スイーツマニアだけでなく、鉄道ファンからも愛されている。2020 年 8 月の発売以来、新デザインの発売月は 30 分で完売。そのため「なかなか購入できないので、抽選販売にしてほしい」というリクエストが多数寄せられ、現在は数量限定・予約販売となった。缶のデザインはホテルの社員が担当。缶ぶたにプリントされた「Suica のペンギン」の動きや表情はいくつか種類がある。通常、お菓子缶の中身にはあまり触れないが、これに関しては触れずにはいられないかわいさなので、ぜひ見てほしい。

夏限定 Suica のペンギン クッキー
※ 7、8、9 月販売。現在は、「Suica のペンギン 大人のクッキー」が販売中。

ラボラトワール メルシー
LABORATOIRE merci

子猫とにわとり。イラストレーター・稲村毛玉氏による、この絵本のような組み合わせは、実話から生まれたもの。「ラボラトワール メルシー」は、栃木県宇都宮市にある養鶏場「卵明舎」が手がけるケーキ屋なため、にわとりを描いた。そして猫は、「卵明舎」内にある馬小屋で迷い猫が産んだ子猫をモチーフとしている。フランスの片田舎の雑貨屋に置いてありそうな、懐かしいかわいさを持ったお菓子缶。

エッグドシャ
🔘 卵明舎

ポアール
POIRE

1969年に創業した"大阪・帝塚山の名店"「ポアール」。圧倒的に猫缶が多いお菓子缶の中、あえて猫と犬が共存する缶を作り出した。「モン・トレゾール」とはフランス語で「私の宝物」のこと。犬も猫も、白い子も黒い子も、みんな誰かの宝物であることから、犬も猫も描かれている缶にしたという。売り上げの一部は、大阪市動物愛護管理施策推進基金に寄付される。

モン・トレゾール

いちびこ
ICHIBIKO

「ICHIBIKO」は、宮城県山元町のいちご農園"ミガキイチゴファーム"がルーツのいちごスイーツの専門店。ただしこのお菓子缶はオンラインショップのみでの取り扱い。クッキー缶というと"洋"に傾きがちだが、こちらは国宝の絵巻物「鳥獣人物戯画」を思わせる"和"の魅力も併せ持つ。缶全体のデザインはデザイナーの大森智哉氏が手がけ、缶側面と底面に描かれたいちごモチーフのデザインはLee Izumida氏が手がけた。モノクロの世界の中、赤いいちごが映える。

いちごジャムクッキー缶
※オンラインショップ限定販売

井の頭の森クッキー缶

御菓子処 俵屋

東京・武蔵野市にある「井の頭恩賜公園」と「井の頭自然文化園」にほど近い場所に店を構える、和菓子屋「俵屋」。2021年、「新たな地元土産を作り、"井の頭"という場所に貢献がしたい」と一念発起。クラウドファンディングに挑戦したところ、"和菓子屋が作るクッキー缶"というコンセプトが注目を集め、目標金額の128%を達成。2022年4月、晴れて発売となった。缶を手にした人が「井の頭自然文化園」の中にある"リスの小径"や「井の頭恩賜公園」を連想できるよう、"井の頭の森の中で暮らすリス"をイメージしたイラストを起用。絵本の絵のような繊細で温かみあるイラストは、「俵屋」の和菓子職人である友田瑞穂氏が手がけた。

cafe marble

京都・仏光寺と智恵光院店にある、手作りキッシュとタルトが名物のカフェ。缶にはトレードマークの"クマさん"が描かれている。実はこのカフェ、デザイン会社が運営を手がけており、自社のデザイナーたちが"クマさん"を描き、缶の大きさや形、質感にもこだわって作成。高さ3.7cmという独特の大きさの缶は、女性の小ぶりな手でも持ちやすく、かつ食べ終わったあと文具やちょっとした小物を入れるのはもちろん、置いていて邪魔にならない絶妙なサイズなのも魅力だ。

クマのクッキー缶

ロバクッキー
アート缶 2021
黒田征太郎氏
（現在終売）

尾道ロバ牧場

広島県尾道市のはずれにある、6頭のロバファミリーとやぎたちが暮らすローカルな「尾道ロバ牧場」。ここのクッキー缶は、名だたるアーティストたちが毎年イラストを手がけている。2021年は黒田征太郎氏、2022年は藤城清治氏（オーナーがロバを飼い始めたきっかけにもなった、ノーベル文学賞作家・ヒメネスの代表作『プラテーロとわたし』を愛読し、自身の作品にも同名の作品がある）。しかもどちらも描き下ろしという贅沢さ。絵が引き立つ缶にするため、その他の要素は加えず、あくまでもシンプルに徹した。
※2023年からは、通販サイト「婦人画報のお取り寄せ」、その他、催事のみの限定販売。

ロバクッキー
アート缶 2022
藤城清治氏

2021年11月に発売した「とらとねこ缶【幸せをつなぐ干支2022】」。あっという間に各店頭から消えた。1080円という値段も良心的すぎてもはや泣ける。

2022年7月に発売となった、新しいねこ缶「ねこ缶【365日クッキーがつづる幸せ】」。缶ぶたにはクッキーを囲んだ"ねこ家族"が、側面には春夏秋冬それぞれの季節にクッキーがある風景を描いた。この"新ねこ缶"は旧ねこ缶よりもさらに人気を博している。

泉屋東京店

創業95年（2022年12月現在）を迎えた「泉屋東京店」。言わずと知れた老舗だが、2021年からイラストレーター・セツサチアキ氏とのコラボ缶が快進撃を続けている。2016年よりセツサ氏のイラストを使った「盲導犬アート缶」はあったが、2021年4月に初の「ねこ缶」を発売（前著39ページに掲載）。これが発売後わずか3カ月で、2万個突破という驚異の売り上げペースを記録。続いて2021年11月には「とらとねこ缶【幸せをつなぐ干支2022】」を発売。ギフトシーズンということもあり、すぐさま入手困難な商品となった。ただ、1つ覚えておいてほしいのが、この時代において「泉屋東京店」の"庶民的な価格設定"はもはや奇跡に近いということ。事実、お菓子缶も軒並み価格が高騰しており、前著に掲載した商品の大半が、余儀なく値上げしている。まさに企業努力以外のなにものでもないと思う。

2021年10月に発売となった最新の「盲導犬アート缶」。サーモンピンクを背景に、生まれてから引退するまでの盲導犬の姿が描かれている。缶全体にちりばめられた文様は、民芸の1つである、青森津軽に伝わる刺し子技法「こぎん刺し」をアレンジしたものだ。

2022年10月、「髙島屋」限定で発売した「クッキーの木」。多様性をテーマにしたイラストで、猫も犬も、老いも若きも、犬種も毛色も違う子たちが集合した。アート缶やねこ缶とは違い、正方形の缶を使っている。

缶シリーズ第一弾として発売された、「クルミッ子10個入」缶。「ふたを開けるととまるでリスくんのお家をのぞいているようなワクワクする気持ちをお届けしたい」というコンセプトから生まれた。缶ぶたのリスくんには、エンボス加工が施されており、シンプルながらも装飾性の高い仕上がりになっている。
クルミッ子10個入（缶）

八幡宮前本店2Fのカフェ「Salon de Kurumicco」（休業中）の雰囲気をそのまま模した、クラシックでありながらかわいらしさも残したデザインにした。
petit paquet
（プティ・パケ）

2022年、ホワイトデー向け商品として企画したため、水色で装飾された春らしいデザインとなった。「ブルークレール」とはフランス語で水色のこと。阪急うめだ本店で開催された「第5回クッキーの魅力」（22ページ）でも人気を博した。
petit paquet（プティ・パケ）
ブルークレール（季節限定）

鎌倉紅谷

バレンタイン・ホワイトデーシーズンのギフトとして2022年1月に数量限定で販売。しかしホワイトデーまでもつことなく、1カ月も経たずに完売となった。
クルミッ子10個入（缶）
スイートピンク（現在終売）

1954年、鎌倉市雪ノ下にある、北条泰時小町邸跡地に創業した「鎌倉紅谷」。35年以上前からある「クルミッ子」は、元は鎌倉銘菓であったが、今や百貨店での取り扱いもあり、全国的に知られている銘菓である。その「クルミッ子」、長きにわたり缶入り商品がなかったが、満を持して2020年に缶入り商品が登場した。缶入りの商品は、中身の菓子だけでなく、缶への注目度も高いため、発売当初は連日即完売し、入荷待ちとなった。アートディレクションは阿部岳氏、デザインは村上理沙子氏が手がけた。

大畑食品

缶マニアだけでなく、デザインに携わる人間を魅了するデザインなのだろう。本書を撮影したカメラマンや、まわりにいるデザイン関係の人たちが、「この缶だけはわざわざ取り寄せた」と口々に言うことに驚いた。デザインは西尾実弥氏によるもの。真ん中に半分に割れたクルミ、そしてまわりを取り囲むパターン化したリス。ある種の文様を思い起こさせるような、印象的なデザインだ。白缶は2014年、黄缶は2019年に発売された。「大畑食品」は石川県金沢にある。金沢では藩政時代よりクルミは「久留美」と書かれ、美容と健康にいい食材として親しまれてきた。そんなクルミを現代の人たちにも親しんでほしいと、持って歩けるようなサイズにし、クルミが好きなリスをキャラクターに、食べたあとも身近に置きたくなるようなデザインに仕上げたという。

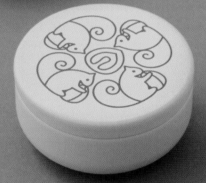

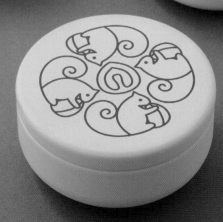

クルミのおやつ（白缶）
クルミと果実（黄缶）

ガレット オ ブール

GALETTE au BEURRE

洋菓子メーカー「モロゾフ」より、2020年に東京に1号店をオープンした、バターを楽しむ焼き菓子専門店「ガレット オ ブール」。焼き菓子専門店にありがちな甘くフェミニンなデザインに落とし込むのではなく、マチュアなデザインにしたところが特徴。個人的な推しはグレーの缶を使った「ガレット オ ブール 23個入」。今まで日本の洋菓子の缶で、黒はあれどグレーを使ったものはなかったように思う。グレーとエンボス加工がされたゴールドのフォントの組み合わせの美しさはここだけのもの。

ひと口に "赤" と言ってもさまざまあるが、この缶に使われている赤は、こっくりとした美しい発色のローズレッド。
ガレット オリジナル
18個入

シルバーの缶にロゴを施したクールなデザイン。この缶とグレーの「ガレット オ ブール 23個入」(写真・右上)はお菓子缶の新時代を感じさせる、ジェンダーレスなデザイン。
ガレット オ ブール
カリテ エキストラ 6個入

グレーにゴールドのフォントが映える、品のある美しさを持つ缶。
ガレット オ ブール
23個入

ブランドの中、いちばんフレンチ雑貨的なデザイン。
ガレット オ ブール
28個入

🄫モロゾフ

45

カカオ＆ソルティ マーケット
Cacao & Salty Market 石垣島

日本最南端の石垣島の、カカオと塩をテーマにしたショップとカフェ。八重山諸島に属する石垣島は近隣に西表島や竹富島があり、ここにしか生息しない希少な生物もたくさんいる。そんな八重山の海や自然を多くの人に知ってもらい、かつ八重山の海を守りたいという願いを込めて、この缶は作られた。海の生物たちをユニークなイラストに仕立てたのは、石垣在住のイラストレーター。イラストは全12種類。並んだ姿は圧巻で、撮影現場では女性スタッフたちが「かわいい」の悲鳴を上げていた。オンライン販売はなく、現地でのみ購入可能。そこもいい。
八重山諸島の愉快な生物缶

DEMMERS TEEHAUS

ヨーロッパで絶大な人気を誇るティーブランド「デンメアティーハウス」。さまざまな紅茶缶がある中、目を引くのが、英国のライフスタイルブランド「サラミラーロンドン」の紅茶缶。筒形でなく手のひらサイズの蝶番缶に入ったタイプの紅茶缶であることもめずらしい。マゼンダピンク、ブルー、グリーン、ブラックの缶には、旅や異文化、そして動植物をテーマとしたサラ氏の絵が描かれてる。

vivid colour palette

大人にこそ知ってほしい。
夢が広がる、精巧な恐竜&宇宙缶

恐竜が行進しているイラストが描かれた、動きが感じられるデザイン。缶表面は、恐竜の皮膚をイメージしたざらっとした仕上がりに加工。この加工には、希少な「結晶ニス」（塗料の1種）が使われている。しかし「結晶ニス」の塗料は、もはや国内では生産しておらず、輸入に頼るしかなかったが、輸入をしているのもわずか1社。さまざまな製缶会社に相談した末、やっとこの恐竜缶ができた。
D-6 恐竜ザラザラ缶

毎年1月上旬〜2月14日のバレンタインシーズンのみに販売される、チョコレートが入った恐竜缶と宇宙缶。子ども向けの"サイエンス缶"だと思うかもしれないが、クオリティの高さはまさに大人向け。デザインはもちろん、質感や発色など細部にこだわっているため、日本の製缶技術の高さを堪能できる。個人的には博物館のミュージアムショップに並べたい。そして通年販売してほしい。

アンドロメダ

スペースオデッセイ

アナザームーン

2016年から始まった恐竜缶シリーズの中でもロングセラーの人気を誇る"たまご缶"。光沢ある鮮やかなたまご缶は、毎年色や柄を変えて販売されている。今まではたまごのひび割れがないものや、割れ目から恐竜の目が見えるデザインだったが、2022年はトリケラトプスの子どもが割れ目から飛び出すデザインに一新した。
D-7 恐竜のたまご

◎スイートプラザ

月や太陽、惑星を描いた缶シリーズ。宇宙の美しさとドラマチックさを表現するため、ET材（ブリキ）を使用。ツヤと光沢のある仕上げにした。ブック型の缶は、"宇宙の歴史書"をイメージしてデザインされた。
◎マイネローレン

　※写真はすべて2022年の商品。販売される年によってデザインを継続や変更して発売される。

PART 3

美術館・博物館・動物園、そして 名画のお菓子缶

美術館の帰り。博物館の帰り。展示物の鑑賞がいちばんの醍醐味だが、ミュージアムショップに並ぶお菓子缶を眺め、選び、買って帰ることも外せない醍醐味である。なぜなら、商業施設で買うお菓子缶と違い、美術館や博物館という特別な空間でしか買えないものだからだ。そんなスペシャルな缶を堪能してほしい。

大塚国際美術館とは

徳島県鳴門市にある、日本最大級の常設展示スペースを有する、「陶板名画美術館」。2018年の「第69回NHK紅白歌合戦」にて、地元出身のシンガーソングライター・米津玄師氏の舞台にもなったことで知っている人も多いだろう。6名の選定委員により選ばれた、古代壁画から名だたる名画まで1000点あまりを大塚オーミ陶業の特殊技術によって再現。日本にいながらにして世界の名画を楽しむことができる。

レスポワールクッキー缶
「モナ・リザ」（レオナルド・ダ・ヴィンチ）、
「真珠の耳飾りの少女」（フェルメール）

※「モナ・リザ」缶は終売。また「真珠の耳飾りの少女」缶も在庫の
都合によっては一時店頭にない可能性がある。

レスポワールクッキー缶
「白貂を抱く貴婦人」（レオナルド・ダ・ヴィンチ）

レスポワールクッキー缶
「団扇をもつ少女」（ルノワール）

レスポワールクッキー缶
「ヴィーナスの誕生」（ボッティチェッリ）

レスポワールクッキー缶
「睡蓮：緑のハーモニー」（モネ）

2015 年よりミュージアムショップのスタッフを中心に「OTSUKA MUSEUM GOODS PROJECT」として、日々の暮らしを豊かにする名画グッズを企画・販売。菓子や雑貨などさまざまなものがあったが、2018 年、「神戸凮月堂」とのコラボで名画をあしらった「レスポワールクッキー缶」（※）を発売。使用する絵画はイベントや季節、追加展示作品に合わせて選出。絵画の美しさを前面に出しつつ、「OTSUKA MUSEUM OF ART」のロゴが映えるようにデザインしている。このロゴを絵画のどこにあしらうかはもちろん、絵画に合わせた色使いや仕上がり（マット加工やツヤ加工）にもこだわっている。尚、空缶になったときも使ってもらえるよう、ポストカードがぴったりと入るサイズに作られている。美術館のスタッフと「神戸凮月堂」の共同制作による美しきアート缶である。
※「レスポワール」とは「神戸凮月堂」のオリジナル薄焼きクッキーの名称。

ポーラ美術館

2002年、神奈川県箱根町に開館。化粧品で知られるポーラ創業家2代目であった、故・鈴木常二氏が40数年の歳月をかけて収集した西洋絵画、日本の洋画、日本画、版画、東洋陶磁、ガラス工芸、化粧道具など約1万点にのぼるコレクションを収蔵。中でも印象派絵画のコレクションは日本随一であり、モネの「睡蓮の池」やルノワールの「レースの帽子の少女」を鑑賞することができる。近年では現代アートの収集や展示にも力を入れている。

レオナール・フジタ《少女と果物》
缶入りフルーツキャンディ

左ページ／1963年に描かれた、レオナール・フジタ（藤田嗣治）の作品。りんごを手に両足を広げて座りこんだ少女のまわりには、洋梨、ぶどう、すいか、いちじくといった色とりどりの果物が並ぶ。チェッカーボードの床は、古くからヨーロッパの画家たちが室内画の中に好んで描いたもの。フジタはこの絵が完成する2年前の1961年、パリからパリ郊外の商店もカフェもない村に移り住み、静かな暮らしを始めた。村では、自然の恵みでもある新鮮な果物は生活の糧であり、目と心を楽しませてくれる糧でもあった。

ピエール・オーギュスト・ルノワール≪レースの帽子の少女≫
アーモンドドラジェ

ゴッホやゴーギャンなど多くの画家たちに影響を与えた、印象派の巨匠クロード・モネ。あまりにも有名なモネの「睡蓮」だが、睡蓮の池を描いた作品は約200点にものぼる。この缶に用いられたのは、1907年に描かれたもの。私が「ポーラ美術館」のお菓子缶に興味を持つきっかけとなった缶である。作品がふたの側面までプリントしてあるため、水面の広がりを缶でも味わうことができる。

ルノワールの画業において、やわらかくなめらかな色彩となった1890年代、「真珠色の時代」と言われる時期の作品（作品自体は1891年のもの）。絵画の世界観に合わせ、パステルピンクとパステルブルーを合わせた配色の缶に、レース模様をあしらった。夢見るような甘く優しげなデザインは、結婚や出産など慶事の贈り物としてもふさわしい。

クロード・モネ≪睡蓮≫
缶入りクッキー

ヨックモックミュージアム

東京・南青山にある「ヨックモックミュージアム」。有名すぎる洋菓子「シガール」のヨックモックの会長が 30 年以上かけて精選した約 500 点のピカソのセラミック作品を中心に、さまざまな企画展を通して展示する美術館である。

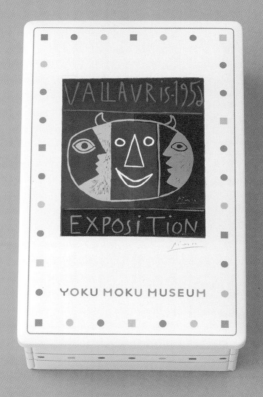

プティ シガール
「ヴァローリス」缶
（ヨックモックミュージアム）

2021 年 10 月、美術館開館 1 周年に合わせて発売した、プティ・シガール「ヴァローリス」缶。美術館のミュージアムショップ初の洋菓子となった。缶ぶたには、1956 年、南フランスの町ヴァローリスで開催された陶器見本市のためにピカソが制作したポスターをメインモチーフとして使用。美術館併設のカフェの入口正面にはこのポスターが貼ってある。描かれているのはギリシャ神話に出てくる牧神“パン”。1950 年代、ピカソが好んだ技法「リノカット」技法で作られている。美術館のロゴも手がけるグラフィックデザイナー廣村正彰氏がオリジナル缶としてデザインした。この絵は、同館がピカソのセラミックを中心に展示する美術館であることから選ばれた。

ゴッホの「ひまわり」を大胆にトリミングしたインパクトある仕上げに。イエローとブルーの鮮やかな色合いは、バレンタイン催事の会場でもひときわ目を引いた。

ゴッホの「ひまわり」を使用した「ガルニエ K」

GARNIER
ガルニエ

2022年、バレンタインシーズン限定商品として、ゴンチャロフ製菓から"世界の名画とチョコレートを楽しむ"ブランド「ガルニエ」が登場。名画を使用したお菓子缶はさまざまあるが、この「ガルニエ」の中でもいちばんの推しは、手のひらサイズで宝の小箱のような蝶番缶を使ったA〜F。A〜Fの缶は、ふたにやわらかなふくらみを持たせ、胴のコーナーを鋭角に折ることでやわらかさとシャープさを備え、缶そのものが美術品のような優美さをもつ。そのため名画との相性が非常にいい。しかし自動機ではできない工程を数多く含み、職人がハンドメイドで形成している。このタイプの蝶番缶は「ルイス・シェリー」（110ページ）や、イギリスの焼き菓子ブランド「ショートブレッドハウス オブ エディンバラ」でも使われており、海外を中心に今、人気が高まっている。日本でこの缶を取り入れたのは、この「ガルニエ」シリーズが最初だろう。

※すべて終売。2023年バレンタインシーズンにデザインを一新し販売予定。

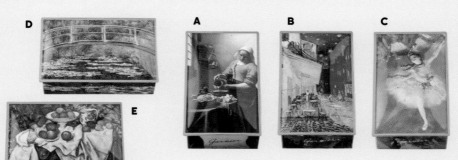

フェルメールの「牛乳を注ぐ女」を使用した「ガルニエ A」
ゴッホの「夜のカフェテラス」を使用した「ガルニエ B」
ドガの「エトワール」を使用した「ガルニエ C」
モネの「睡蓮の池」を使用した「ガルニエ D」
セザンヌの「林檎とオレンジ」を使用した「ガルニエ E」
クリムトの「接吻」を使用した「ガルニエ F」

名画に留まらず。進化する三越伊勢丹&
美術館・博物館コラボレーションギフト

2016年に始まったこのコラボレーションギフト。当初は絵を使用することが多かったが、現在では、絵に留まらず、美術品や工芸品、版画など他分野の美術作品も用いられるようになった。

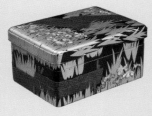

上が国宝「八橋蒔絵螺鈿硯箱」。縦27.3×横19.7×高さ14.2cm。左の缶は縦26×横18.7×高さ10cmと本物よりもひとまわり小ぶりのサイズ。

「麻布かりんと」×
尾形光琳「八橋蒔絵螺鈿硯箱」

江戸時代の画家・工芸家であった尾形光琳の代表作の1つであり、国宝に指定されている。「伊勢物語」第九段三河国八橋の情景が描かれている。東京国立博物館蔵。

かりんと詰合せ
※「麻布かりんと」オンラインショップにて不定期に販売。

重要文化財の「色絵月梅図茶壺」。満月の下、赤い花をつけた梅の木が金色の雲間に見え隠れしている様子が描かれている。狩野派の趣がうかがえる、華やかで美しい作品。

「梅の丸長」×仁清「色絵月梅図茶壺」

江戸時代後期の陶工・野々村仁清による茶壺。仁清は茶壺に多くの優れた作品を残しており、この壺も仁清絵茶壺の代表作である。重要文化財指定。東京国立博物館蔵。

紀州梅干はちみつ入（終売）

国立工芸館
「ロイスダール」×
稲垣稔次郎
「紙本型絵染額面
祇園祭」

ロンジェ（終売）

アマンドリーフ
（終売）

国立工芸館
「ロイスダール」×
稲垣稔次郎「紙本型絵染額面 都をどり」

型絵染で重要無形文化財の保持者（人間国宝）に
認定された、稲垣稔次郎。京都生まれの氏が、春の
風物詩「都をどり」と夏の風物詩「祇園祭」の山鉾
巡行を鮮やかに描いた作品。ちなみに、山鉾巡行も
ユネスコの無形文化遺産として登録されている。

東京国立近代美術館
「ゴディバ」× 児島善三郎「花」

2021年のお歳暮には、版画家・川西英の版画を使った箱を
出した「ゴディバ」。「ゴディバ」というブランドと、川西氏の
作品の相性の良さに驚いたが、缶マニアとしては紙箱だった
のが心底不満だった（しかし素敵さに負けて購入した）。とこ
ろが2022年のお中元シーズンに、写真の児島善三郎氏（※）
の洋画とコラボし、缶として登場。私にとっては待ちに待っ
た商品だった。本書には間に合わなかったが、2022年のお
歳暮では、改めて川西氏とタッグを組んだ缶が発売された。
※洋画家。日本画の平面性と西洋画の立体表現を融合させ、
生涯"日本の油絵"を目指した。

クッキーアソートメント（終売）

東京国立近代美術館
「千鳥屋」× 吉田博「帆船 朝日」

明治、大正、昭和にかけて風景画家の第一人
者として活躍した、洋画家・版画家の吉田博。
2021年には没後70年を迎え、東京都美術館
などで展覧会が開催。改めて吉田が後半生で
取り組んだ木版画が注目されている。もはや
絵画にしか見えないが、これも木版画である。
日本の伝統的な版画技法に、洋画の写実的画
法を取り込んだ独特の技法で表現される吉田
の木版画は、故ダイアナ妃にも愛されたという。
この帆船の木版画はこの「朝日」のほか、「午前」
「午後」「夕」「夜」「霧」もあるため、缶もシリー
ズ化してほしいと切に願う。

チロリアン詰合せ（終売）

国立科学博物館とは

1877年設立。日本で最も歴史のある博物館の1つで、自然史・科学技術史に関する国立で唯一の総合科学博物館。常設展示は「日本館」と「地球館」で行われている。「日本館」には、首長竜「フタバスズキリュウ」の復元骨格標本や、有名な忠犬ハチ公、南極地域観測隊に同行し、1年後に救出されたカラフト犬ジロの剥製を見ることができる。1931年に建てられたネオルネサンス式の「日本館」は、建物自体が重要文化財に指定されている。「地球館」にはティラノサウルスやステゴサウルスなどの骨格標本があり、迫力の見ごたえ。

博物館の人気展示物をプリント。ふた部分には、「フタバスズキリュウ」の復元骨格標本、絶滅危惧種である「トキ」、「秋田犬ハチ」の標本。側面には、重要文化財である「トロートン天体望遠鏡」や「アンモナイト」がプリントされている。しかもイラストにせず、写真をそのまま載せているところが秀逸。絶対に他では作れない、個性の強い缶。捨てられない。国立科学博物館オリジナル パイ&クッキー

国立科学博物館
オリジナル
ミニゴーフル
ティラノサウルス

国立科学博物館
オリジナル
ミニゴーフル
ハチ

こちらはイラスト化したもの。パイ&クッキー缶に比べるとぐっとのどかな雰囲気に。

高知県立牧野植物園

「日本の植物分類学の父」と言われる植物学者・牧野富太郎博士を顕彰する植物園。小学校中退ながらものちに理学博士の学位を取得。94歳で亡くなるまで、日本全国をまわり多数の新種を発見・命名。標本の数は40万枚にのぼり、命名した植物は1500種類にもなる。2023年春には、博士をモデルにしたNHK連続テレビ小説「らんまん」が放送される。

明るく楽しくなるようなカラーバリエーション豊富な缶を開発。全18種類を揃えた。このカラーバリエは圧巻。人気なのはブルー系。缶に描かれたシルエットはもちろん牧野博士。そして博士の左上にある"くるくる巻き"は博士自身のサイン。「の」の字をくるくると巻いた、通称"くるくるまきの"と呼ばれるもの。グラフィックデザインは、園のデザイナーが担当。スマイルマークがプリントされたマーブルチョコレートが有名な高知の菓子メーカー「アンファン」の森本社長が請け負った。
牧野スクウェア缶（全18色）

㉖アンファン

東京都恩賜上野動物園

パンダの缶入ベイクドクッキー

上野動物園とは
1882年に農商務省所管の博物館付属施設として開園した、日本初、そして日本を代表する動物園。

1972年、日中国交回復を記念しジャイアントパンダが初来園。そのため上野動物園と言えばパンダを連想する人も多いだろう。2017年6月12日には、ジャイアントパンダの子ども（シャンシャン）が誕生。しかしパンダはおよそ1年半～2年ほどで親元を離れ、単独で生活をするようになる。親子で一緒にいる期間が限られているため、その微笑ましい姿を残しておこうと親子の姿を側面に採用した。

天王寺動物園

天王寺動物園で人気の動物たちを、それぞれのイメージカラーの缶に施した。天王寺動物園ではホッキョクグマの親子が見られることからホッキョクグマ、そして日本においては天王寺動物園にしかいないキーウィ。2021年に動物園に仲間入りしたこと、2022年の干支であることからアムールトラの風くんが選ばれ、デザインされた。

天王寺動物園とは
1915年1月1日に開園。2015年には開園100周年を迎えた、大阪市天王寺区にある"都心の超老舗動物園"。

【天王寺動物園オリジナル】金平糖缶（ホッキョクグマ、アムールトラ、キーウィ）

富士サファリパーク

3つとも2018年から販売されている"写実"シリーズ。かわいくデフォルメされたイラストの動物缶が人気の日本において、写実的な絵の動物缶というのは、実はあまり人気がないと言われている。こと子どもが主役となる遊園地や動物園においてはそうだ。しかし、大人はどこかでもう少し大人っぽいお菓子缶はないものだろうかと思っていたはず。大人が求めていた動物缶がここにある。

富士サファリパークとは
静岡県裾野市、標高850mに位置する「富士サファリパーク」。富士山を背景にライオンやチーター、ヒョウ、ゾウを筆頭に約60種900頭のさまざまな動物たちが暮らしている。車で周遊しながらサファリ感覚で動物たちを間近に観察できる動物園。

富士サファリパーク
オリジナル
パイ&クッキーセット

富士サファリパークで暮らしている代表的な動物たちを集合させたデザイン。サファリゾーンの動物たちだけでなく、側面にはふれあいゾーンの動物たち（カピバラ、カンガルー、レッサーパンダなど）も描かれている。あまりのかっこ良さに、2021年、この缶を取り上げたツイッターの某ポストには3000近い「いいね」がついた。

パークでいちばん人気と言ってもいい、ライオンとライオンの赤ちゃんをモチーフにしたデザイン。雄々しいオスのライオンとそれに寄り添う子ライオン。猛獣親子の温かな光景を、シックで落ち着きのあるデザインに落とし込んだ。配色の美しさにも着目したい。
富士サファリパークオリジナル チョコクランチ&ホワイトチョコクランチ

富士サファリパークに暮らす代表的なネコ科の赤ちゃんをデザイン。ライオン、チーター、アムールトラが描かれている。富士サファリパークでは、"種の保存"のために長年繁殖に取り組んでいることを感じ取っていただけたらと、このようなデザインにしたという。
富士サファリパークオリジナル チョコクリームロール

鴨川シーワールド

1970年、千葉県鴨川市にオープンした水族館テーマパーク。房総半島の豊かな自然を最大限に生かして作られた、日本でもトップクラスの水族館。国内では唯一、ここでだけシャチのパフォーマンスを見ることができる。

シャチの形をしたクッキーを開発した際、今までの製品に例がなく、年齢を問わず親しみやすいデザインを目指した結果、和テイストのシャチの親子のイラストが採用となった。2019年の発売以来、毎月お土産売り上げトップ5に入るほどの人気商品だ。お菓子缶の世界は"洋のデザイン"にあふれており、あえて和を目指す試みはめずらしい。そしてその試みが見事成功した例が、このクッキー缶だ。
オリジナル おるかクッキー

2022年2月に販売開始。それまでも3段缶の商品はあったが、子ども向けのかわいらしいデザインであった。こちらはサイズを大きくし（ケースなしのCDがぴったり入るサイズ）、デザインもかなり大人向けに一新。太陽が降り注ぐ海中をイメージした。
オリジナル BIG3 段缶

ある会社がイギリスから
輸入したにわとり缶。テ
スト販売をしたところ、
客から「あまりにリアルで
気持ちが悪い」と言われ
てしまったという。そのた
め輸入を中止。一部には
人気のある写実的な動物
の缶だが、このように一
般的な受けは芳しくない。

動物缶の世界にもある、「不気味の谷現象」

「不気味の谷現象」とは、人型ロボットやCG、芸術や生態において、あまりにもリアルだと
見る者に違和感や嫌悪感を抱かせる心理的現象のこと。人が何かを目にし、写実の精度が
高まっていくとある一定のところから、それまで抱いていた好感が急降下し、違和感、嫌悪感、
恐怖感を抱くようになる。この急降下する感情の動きを谷にたとえ、"不気味の谷"と言われ
る。そしてこの"不気味の谷"は、お菓子缶の世界にも存在する。海外のあまりに写実的な
絵の缶は、日本では受け入れられにくいという。写実画の動物缶を販売していた会社が、あ
るときアニメーション的なかわいらしい絵に替えたところ、途端に売れるようになったという
話もあるほどだ。中でもにわとりや、蝶をはじめとした昆虫類の写実画は非常に嫌がられる。
しかしヨーロッパなどでは写実画の缶は昔からあり、安定した人気を誇る。日本でも輸入も
ので、海外の写実画の缶を見ることはできるが、やはり購入者は多くはなく、そのため輸入
数も必然的に少なくなってしまう。

写実的な蝶は日本では忌み嫌われ
るモチーフの1つ。しかしヨーロッ
パでは昔から安定の人気を誇る。

取材協力：エリートティンズ

63

大人をも魅了するムーミン缶の世界

ムーミンバレーパーク

埼玉県飯能市、北欧の暮らしをテーマにしたライフスタイル施設「メッツァ」内にある、「ムーミン」の物語を追体験できる「ムーミンバレーパーク」。「ムーミン」のテーマパークは、本拠地のフィンランド以外ではここにしかない。パーク内には、「はじまりの店」「ムーミン谷の売店」「リトルミイの店」「ポスティ」の４店舗があり、パーク限定のムーミングッズが揃う。お菓子缶もしかり。

原作の雰囲気をそのままに。ムーミンコミックスの柄が描かれたモノクロの缶。かわいいだけじゃない、ちゃんとおしゃれ。
ムーミンバレーパーク限定サブレ缶

ムーミンバレーパーク限定
アソートクッキー

発売以来、パーク土産として大人気の２大缶。カラフルなパッケージのアソートクッキーには、灯台の島やムーミン谷に出没するおばけ、小説『ムーミンパパ海へ行く』でヘムレンおばさんを連れ去るニブリングなどレアキャラも描かれている。そして側面にもニョロニョロがいるのを見逃さないでほしい。
ムーミンハウス型キャニスター缶には、全11種類のキャラクターが登場。小説『ムーミン谷の彗星』の一場面に出てくるスニフと子猫もこの缶で再度共演している。

ふたはもちろん、側面にもずらりとニョロニョロが描かれており、ニョロニョロ好きにはたまらない缶。
ムーミンバレーパーク限定
ニョロニョロラムネ（ヨーグルト）

ハウス型キャニスター缶と類似したデザイン。だが、スニフ以外は全員キャニスター缶とは違う動きや表情をしている。こうした細かさが心ニクイ。
ムーミンバレーパーク限定　ムーミンハウス型
チョコレート（いちごみるく）

ムーミンバレーパーク限定
ハウス型キャニスター缶
チョコインクッキー

ムーミン×シュガーバターの木

1985年、東京・銀座の老舗デザート専門店「銀座ぶどうの木」から、贈り物に特化したスイーツブランド「銀のぶどう」が誕生。その「銀のぶどう」から生まれたのがシリアルスイーツのブランド「シュガーバターの木」だ。今や代表的な東京土産と言っても過言ではない「シュガーバターの木」が、2021年11月にムーミンとのコラボをスタート。紙箱の商品もあるが、シーズンごとに新たなデザインの缶が出る。縦21×横15.5×高さ7cmの立派な大きさの缶のため、3000円台の商品かと思ったが2000円台に抑えてあり、奇跡。北欧らしい優しい雰囲気や小洒落感を出すため、表面のニスはマット感のあるものを使っている。

2022年11月新たなデザインが追加された。リトルミイが、電気を帯びたニョロニョロにさわり、電球が光っているユニークなひと缶だ。華やかなマゼンタピンクが目を引く。
ムーミン
シュガーバターの木
詰合せ16個入

2022年7月22日発売。1代目・2代目と特定のキャラクターで作ってきたが、原作の中にはムーミン、スナフキン、リトルミイの3人が仲良く揃うシーンが多く出てくることから3代目缶にして3人が揃ったアートにしたという。背景には原作コミックスに登場する植物のアートを使用している。

2021年11月1日に発売した、コラボ初の缶の主役は、女性に人気のあるリトルミイ。リトルミイの好奇心旺盛な性格を表現できるよう躍動感あるアートを使用。缶側面にもさまざまなリトルミイを配した。

2022年4月上旬に発売。2代目コラボ缶は、安定の人気があるスナフキンに。春夏らしいビビッドなカラーと、スナフキンらしい緑を合わせたカラーリングに。よく見るとソフスやニョロニョロなども隠れている。

◎ グレープストーン

クラシカルな美しさを持つ、日本のお菓子缶

素敵なお菓子缶というと、輸入ものを思い浮かべがちだが、1909 年、お菓子がブリキの缶に入れ始められて以来、日本にもデザイン力に優れたお菓子缶が多く生み出されてきた。数々の日本生まれのお菓子缶を紹介する前に、日本ならではの美しさを持つお菓子缶を紹介する。

村岡総本舗

SNS をきっかけに話題となったシベリア缶。このシベリア缶のデザインは、実は中に入っているシベリアの包装紙とまったく同じ。元々、「村岡総本舗」のシベリアは百貨店のお歳暮向けの商品としてスタートした。その後、定番商品となる際に小型化を検討。その際、化粧箱を使わず、商品そのものを美しい包装紙で包むことで資源の無駄を少しでもなくせると考え、化粧箱に負けない高級感と美しさを持つ、この缶のデザインの包装紙が生まれた。デザイナーは八智代氏。ロシアの伝統的な刺繍文様をモチーフに、レトロとは違う、"大正時代からずっと使われ続けているようなデザイン" にした。明治後半から大正時代に誕生したと言われる菓子であるシベリアに、大正モダンを思わせるデザインはよく似合う。

シベリア缶

いづみや本舗

兵庫県宝塚の銘菓「炭酸せんべい」の缶は、1963 年から変わらぬデザイン。宝塚を象徴する宝塚歌劇団の男役・娘役、宝塚ファミリーランドのロープウェイ（2003 年閉園）、縁起の良い宝船などを描き、高度成長に向かう日本の希望や豊かさを表現した。ふたのハープ図案は宝塚音楽学校の校章をならってデザインされた。勢いがあった時代の日本を思い出させてくれる缶。

炭酸せんべい
24 枚入
33 枚入

善菓子屋

伊豆大島銘菓の「牛乳煎餅」。大正時代からある菓子だが、当時も今と同じデザインの紙箱に入れられ、売られていたという。今となっては絵を描いた人もデザインをした人もわからない。当時のデザインを残したいとのことから、現在もこのデザインを継承している。

牛乳煎餅

PART 4

勢いが止まらない。
麗しき
日本のお菓子缶

日本のお菓子缶の歴史は、1909年にさかのぼる。この頃、湿気や破損からお菓子や海苔、お茶を守るために、缶に入れられるようになったと言われている。そこから110年以上。多くのお菓子缶が日本に誕生した。第二次お菓子缶ブームを迎えた日本は、今や世界一のお菓子缶大国と言っても過言ではないだろう。こだわりを持ってデザインされたお菓子缶を紹介する。

ホテルニューオータニ

サックスブルーの缶に「The New Otani」と書かれただけのシンプルなデザインなのに、1度見ると忘れられないインパクトがある。「ホテルニューオータニ」は都心にありながら、まわりに高い建物がないため、いつでも一面に広がる東京の空を眺めることができる。缶の色はその空をイメージしたものだ。この美しいチョコレート＆クッキー缶が誕生したのは、2021年。ホテルスイーツの中でも圧倒的な人気を誇る、「ホテルニューオータニ」の総料理長・中島眞介氏が手がけるペストリーブティック「パティスリー SATSUKI」製だ。究極のミニマルなデザインは、ホテルならではの自信が感じられる。

SATSUKI チョコレート＆クッキー S、M、L

万平ホテル

明治27年、軽井沢に創業した「万平ホテル」は、日本での西洋式ホテルの草分け的存在の1つ。戦前戦後を通じ名士を接遇している。「万平ホテルを訪れた記念に、気軽に手に取っていただけ、形の残るもの。そして万平ホテルらしいもの」を作りたいと、2018年に誕生したのがこのミントタブレットだった。

明治27年の創業当時から玄関に掲げられている看板をモチーフとした。
万平ホテルに泊まった人にこのミントタブレットの話をしても、ほとんどの人が「気づかなかった。行く前に教えてほしかった」と言う。ぜひ、1人でも多くの人に知ってほしい。
ミントタブレット

リーガロイヤルホテル

大阪を代表する高級ホテルとして知られる「リーガロイヤルホテル」には、2つクッキー缶が存在する。「プティフール・セック」はシンプルで上品な味わいのクッキーに合わせ、高級感あるホワイトとゴールドの缶を使用。側面には、ホテル内の至るところにあしらわれている燕子花のマークがプリントされている。「ロイヤルサブレ」は、温かみのある味わい。とくに女性に喜ばれるよう上品なピンクの缶にした。こちらはちょっとした手土産にもちょうどいいサイズ（縦約10 ×横約 14 ×高さ約 4.6cm）なのも魅力だ。デザインは「minsak」の左居穣氏が担当。ともに発売当初、即日完売となった人気商品。

プティフール・セック

ロイヤル サブレ

🄟 リーガロイヤルホテル（大阪）
グルメブティック メリッサ、オンラインショップ

グランド ハイアット 東京

東京・六本木にあるラグジュアリーホテル。国内外からさまざまな顧客を迎えるため、クッキー缶に限らず、ホテルで提供する商品は老若男女問わず、すべての顧客が手に取りやすいよう、できる限り奇をてらわないデザインにしているという。そのため、クッキー缶も白地にホテルのロゴというシンプルさ。ハレの日のギフトにはもちろん、葬祭のギフトとしても使える。

GRAND HYATT TOKYO
AT ROPPONGI HILLS

クッキーボックス
（アメリカン／フレンチ）

Simple

Simple

今から2年ほど前から増えだした、
ホワイトをベースにしたお菓子缶。
シンプルデザインの波が
お菓子缶世界にも広まっている。

バンディベイク
BUNDY BAKE

兵庫県西宮市にある、自家焙煎コーヒー豆の店「BUNDY BEANS」が手がけるお菓子
部門「BUNDY BAKE」のクッキー缶は、2020年に発売。シンプルなお菓子缶ブームの
先駆け的存在と言っても過言ではないだろう。オーナーの名越千人氏の「素材にこだわ
り、老若男女問わず誰もがコーヒーと一緒に食べてほしい」という願いを込めて、缶に
は人間半分、残り半分は不思議な仲間たちがクッキーを食べているイラストにしてもらっ
たという。グラフィックデザイナー・イラストレーターであるマエダユウキ氏が手がけた。
コーヒーのともだち

アンド ザ フリット
AND THE FRIET

東京・広尾のフレンチフライ専門店のポテトパフが入った缶は、異色のペンキ缶のような形。そのため、食べ終わったあとコーヒー豆やプロテイン、バスソルト入れとしてや鉢植えカバーとしてリユースしている声をもらうという。スナックシリーズに描かれている人物は、メイン商品であるフレンチフライのパッケージに描かれているファミリーの"友だち"という設定。イラストレーターはヨーロッパ在住の Anje・Jager 氏。デザインはアートディレクターの平林奈緒美氏が手がけた。

パフ（SOUR CREAM AND ONIONS、FOUR-CHEESE AND OLIVES）

バリヤ
PARIYA

1996 年創業の東京・青山を本店に持つカフェ＆デリカテッセン。その「PARIYA DELICATESSEN」がクッキー缶を出したのは 2022 年のこと。4 年もの試作を経て完成したものだ。白い缶に商品名、そしてショップの住所と電話番号をプリント。イラストはグラフィックアーティスト、TAPPEI 氏による手描きのクッキー缶を開けた様子を描いたものを使用した。モノクロで構成されたアーバンなデザインは、青山生まれならでは。

PARIYA DELICATESSEN VARIETY COOKIES

赤いフォントは 2022 年 2 月の限定缶。黒いフォントが 2021 年 2 月に作った初代缶。
グリーンのフォントは 2022 年のスプリング＆サマー缶。Special Cookie Can

ズッカ
Zucca FINE VEGETABLE&DELI

「Zucca」は兵庫県神戸市にある、幻のかぼちゃ「栗マロン」の卸販売と、それを使ったスイーツや総菜を販売している。オーナーである佐藤一氏が東欧で見られる琺瑯の看板やフォントが好きで、日本でかの看板に似た質感の缶を見つけたことからこの缶を作ったという。東欧っぽさをできる限り正確に再現するためにも、缶に描く文字は「PUMPKIN LOVER」ではなく、ドイツ語で「かぼちゃ愛」を表す「KÜRBISLIEBHABER」にした。シルクスクリーンによる印刷だ。現在は春夏・秋冬で缶の色や文字の色を変更している（中身のクッキーもそれに伴い、フレーバーを変更）。発売当初はオンラインで１分で完売。その後、受注予約制に切り替えたところ、１カ月半先まで埋まるほどの反響だった。

いちご大福と茶菓の店 あか

いちごの葉が密集したデザインは、江戸時代後期の絵師・鈴木其一の「朝顔図屏風」からインスピレーションを受けたもの。50輪以上の朝顔を描きながらも単調にならず、集合の美を描ききっていることに感銘を受けたという。そして影の主役である、マルハナバチ（※）の存在も忘れてはならない。缶を制作するにあたり、本物のいちごの葉や花を見るべくいちご狩りに出かけた際、小さな体でせっせと花粉を運ぶマルハナバチに心を奪われ、天面に描いてもらった。グラフィックデザイン・イラストともに大石知足氏が手がけた。
※正式にはクロマルハナバチ（受粉昆虫）。おいしいいちごを作るのに欠かせない存在と言われている。

akasand

THE TAILOR

シルバーの缶に繊細なエンボス加工が施された、美しい缶。アール・ヌーヴォーや1930年代のファッションを思い起こさせる。イラストレーターはもちろん、製缶会社、工場の担当者と綿密に打ち合わせをし、最後は工場にも立ち会い、成形後にゆがみの出ないギリギリまでプレスを強くして仕上げたという。それぞれの分野のプロの"技術"が集結した缶だ。

ザ・ショコラクチュール20個入
（アールグレイ＆キャラメル）

黒船

塩、チーズ、トマト、バジルなど個性豊かな6種の味を集めて作った、クッキーのギャラリーをイメージした商品。中のクッキーを引き立たせるため、缶はあくまでもシンプルに特化。社長自らデザインを担当した。

GALERIE Q（黒船クッキー缶）

長﨑堂

1919年創業。大阪初の本格長崎式カステラの製造業者とされる「長﨑堂」。シックな黒い楕円の缶には、クラシックなフォントをゴールドで施し、高級感とレトロ感を出した。中のカステララスクも美味。大阪に行くと必ず買う。

カステララスク7本入

カフェのある暮らしとお菓子のお店

東京・新宿で3店舗のカフェ (movecafe. cotocafe. cafewall) を
運営する「テーブルインク」のオンラインショップ。パティシエ
が飼っている猫を主役に、日常にあるカフェの道具を描き、"カ
フェのある暮らし"をイメージしやすいようにした。それまでデ
ザインを担っていたデザイナーが倒れたことにより、初めてス
タッフ一丸となって作り上げた缶だという。猫のデザイン、配置、
色のかすれ具合までこだわった。

わたしとネコ

ベイカー
BAKER

自家製天然酵母パンとおやつの店。パンと菓子、どちら
も作っていることを表現するため、「しぃパンくん」とお菓
子作りが大好きな「女の子」が出会ったというコンセプト
をイラストレーターの killdisco 氏に描き下ろしてもらった。

BAKER COOKiE CAN

鎌倉ニュージャーマン

鎌倉土産として有名な「かまくらカスター」な
どを販売する同社は、1968 年創業。「新し
い鎌倉土産」を目指し、この缶が誕生した。
鎌倉の風物である、あじさいや湘南の海に立
つ波、いちょうの葉、そして鎌倉市のシンボ
ルであり、「鎌倉ニュージャーマン」のブラン
ドロゴマークでもある"リンドウ"を刻んだ。

リッカリッカ
Ricca Ricca

「伊勢志摩土産になるようなクッキー缶を以前から作りた
かった」というオーナーの川口朝美氏。缶ぶたには伊勢
志摩をイメージさせるモチーフ（海、鳥居、海女、真珠貝、
あのりふぐ、わかめ）をちりばめた。当初、白い缶で作る
予定だったが、食べ終わったあと長くリユースしてもら
うためにも汚れが目立たず、かつ深い海を連想させるよ
うな紺色に変更。中のクッキーの製造は志摩市の障が
い者支援施設はたきの人々が担当。1 回 10 缶ずつの
販売となるが就労機会支援につながる。

伊勢志摩クッキー缶

かまくらボーロ（10 枚入）

キューポットカフェ
Q-pot CAFE.

「Q-pot CAFE.」は、アクセサリーブランド「Q-pot.」のスイーツアクセサリーを本物のスイーツとして再現したカフェ。そのため中に入っている焼き菓子も、「Q-pot.」のアクセサリーがモチーフとなっている。中の焼き菓子が美しく華やかなことに対し、缶はどこかシュールでクラシック。ときにはゴシックですらある。ここほど缶と中のお菓子のギャップが大きいブランドはない。そこが魅力。どのデザインも、発売後即完売。デザインはすべて「Q-pot.」のデザイナーのワカマツ タダアキ氏が手がける。

2021年6月発売。今でも再入荷を希望する声が絶えない、初代缶。ファンの間では"幻の缶"と言われている。ツマミグイをする美しい女性の手元が描かれた、クラシカルなパッケージ。バックを飾るホイップ柄の壁紙は「Q-pot CAFE.」の壁紙とお揃いのもの。プティフールセック（現在終売）

2021年

毎年ハロウィンシーズンになると「Q-pot.」にやってくる"オバケちゃん"が主役。シルクハットでおめかしした"オバケちゃん"の背景にはホイップ柄×Qのロゴをちりばめた。

2022年

プティフールセック
（ハロウィン限定）

「Q-pot.」を代表するモチーフであるチョコレートで缶ぶたをデコレーションした、ビターでクラシカルな装いの缶。ファンからは「たまらないデザイン」と反響があった。2022年3月発売。プティフールセック（チョコレート）（現在終売）

CANTUS クッキー缶

ひなのやサブレ缶

カントス
CANTUS

北海道で展開する食のブランド。2019 年に、この深さがある玉手箱のようなクッキー缶は誕生した。缶には厳しい自然の中、雪を割って咲く花や、寒さの中でも元気に遊ぶ動物たちが描かれている。北海道ならではの鳥・シマエナガやエゾシカに交じり、「CANTUS」オリジナルの妖精も潜んでいる。クリエイティブディレクターはフォトグラファーの辻佐織氏。アートディレクションとイラストは、クリエイティブユニット「KIGI（キギ）」が手がけた。

ひなのや
HINANOYA

愛媛県東予地方でポン菓子は“パン豆”と呼ばれ、古くから結婚式の定番引出物とされてきた。これはお菓子缶の中でもめずらしい、ポン菓子とサブレが入った缶。華やかなピンクゴールドの缶には、縁起物である稲穂をくわえた“ふくらスズメ”が描かれている。

チージィーポッシュ

チージィーポッシュ
Cheesy Poche

立山連峰を望む、美しい自然に囲まれた富山の町にある洋菓子専門工房「ZAXFOX」。オーナーがクリエイティブスタジオ「KIGI」とお菓子研究家の福田里香氏を迎えて作ったのがこのチーズクッキー缶だ。「KIGI」は上記「CANTUS」のお菓子缶も手がけている。チーズに連想される色＝イエローをキーカラーに、ネズミと猫、そして花のモチーフを描いた。缶をチーズに見立て、並ぶ花模様の中、ネズミが隠れている遊び心あるデザインは、クッキー缶へのワクワクした気持ちやときめきを表している。

🍪 Cheesy Sweets

2022 年 6 月より夏季限定で出された“ナツカン”は、水色を基調としたデザインとなった。

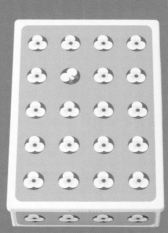

チージィーポッシュ ナツカン
（夏季限定品）

焦がしバターのサブレ、バターリッチのサブレ、
バターサブレのアソート（全3種類）

サブレヤ
Sabléya

サブレ専門店。「サブレヤ」のベー
スとなる通年商品の缶は、素朴
でシンプルなシルバーの缶。缶に
はサテン材を使用。表面にザラ
ザラとした風合いを出し、中のサ
ブレと相性のいい仕上げにした。

※販売期間は目安。
また画像は2022年のラインナップ。

冬
いちごのときめき
（12〜3月）

秋
秋 実のときめき
（9〜12月）

夏
レモンのときめき
（6〜9月）

春
茶香のときめき
（3〜6月）

季節限定缶は丸缶にし、それぞれ中に詰
め合わせているサブレの代表的なモチー
フをデザインに用いた。つまり缶と中のサ
ブレがリンクしている。いきすぎたかわい
さではなく、抑えた大人のかわいさである
のがいい。社内デザイナーが担当した。

広がる空と羽ばたく鳥が目を引くオーバル
缶。日本であまり鳥がモチーフになったお
菓子缶は見かけないが、鳥は多くの国で
ラッキーモチーフとされており、パッケー
ジに用いられることが多い。ハレの日のギ
フトに使ってほしい。
アトリエオーバル缶

フロレンティーナ（缶）

ハイチーズ
hi-cheese

フロランタンは、16世紀、イタリアからカトリーヌ・ド・メディシスがフランスのアンリ2世に嫁ぐ際、同行した菓子職人によってフランスに伝えられ、広まったと言われている。「hi-cheese」ではこの言い伝えを元に、フロレンティーナ姫とカスティーリャ王子が出会い、フロランタンとチーズカステラが合わさった"フロレンティーナ"というお菓子が生まれたストーリーを作り、デザイン化。イラストはカタユキコ氏による。オレンジとブルーの配色が抜群に粋。

QUON DEMI-SEC 缶 BOX

ココリス
COCORIS

ピスタチオグリーンの缶は、2021年3月に期間限定で発売。瞬く間に完売し、終売後も問い合わせが続くほどの人気を博した。あまりの人気に翌年も前倒しの1月に販売開始となった。しかしこちらも1日3回、時間帯入荷販売をしていたが、毎回30分〜1時間で完売。

プレミアムサンドクッキー
※このデザインについては終売。

クオンチョコレート
QUON CHOCOLATE

ブランドカラーである淡い水色 =QUON ブルーを全体に使い、お菓子作りをする三姉妹のイラストを描いた。この缶のおもしろいところは缶底が一変して、カラフルなストライプになっていること。"隠れキャラ"である"玉虫"が描かれていること。そして側面を飾る花は、チョコレートの原料であるカカオの花と、アーモンドプードルの原料であるアーモンドの花をモチーフとしている。カカオやアーモンドの実はよく描かれるが、花が描かれることはまずない。障がいのある人や子育て中の女性、社会で悩みを抱える若者など、多様な人たちが働く「QUON チョコレート」らしさを出すため、脇役的存在でありながら必要不可欠な花にあえてスポットと当てたという。社内デザイナーの片岡泉氏が手がけた。写真に写らない部分にさまざまな思いとこだわりが込められている。胸が熱くなる缶。

Colorful

カラフルなお菓子缶は、気持ちをワクワクさせてくれる。
色合わせのおもしろさはもちろんのこと、
日本の缶の印刷技術の高さも堪能できるのがたまらない。

ナッツクッキー缶

グルーヴィナッツ
Groovy Nuts

中目黒と鎌倉にあるナッツ専門店。8種類101個のナッツクッキーに、いちごメレンゲ20gとナッツ35gが入ったクッキー缶は、同じく中目黒にアトリエを持つ、アーティストのSHUN SUDO氏が手がけた。クッキー缶の中に詰められたナッツ、いちご、シェリー樽のウイスキー、東方美人茶が合わさった瞬間、香りの点と点が線となり、SUDO氏の脳内に広がった〈ナッツから始まる味覚の世界〉を描いたという。缶ぶただけに納めず、缶全体を使ってプリントされたSUDO氏のアートが強烈な個性を放つ、絶対的な存在感を持つ缶。

焼き菓子屋ラ・フイユ

「大人のおやつ」をコンセプトにした、店舗を持たない焼き菓子屋。店のロゴである葉っぱをモチーフにオーナー自らラフを描き、デザインの得意な友人に作ってもらったという。こっくりと太い線、赤と白だけで構成された世界観が印象的な缶。

クッキー缶 赤缶

堀内果実園

商品名である「ロッシェ」とは、フランス語で「岩」のこと。缶の中には、チョコレートにドライフルーツやナッツ、スパイスを加えて固めた"岩"のような菓子が入っている。さまざまな素材がごろごろと入った様子、カラフルで楽しくなるような見た目、そしてスパイスのエッジが効いた味わいをイラストで表現。デザインは町田かおる氏（さるいのデザイン）による。

ロッシェ（ドライフルーツ缶タイプ、ドライフルーツ・ナッツ＆スパイス缶タイプ、ナッツ缶タイプ）

Very Ruby Cut

宝石をモチーフにしたお菓子が入った缶のため、宝石から放たれる輝きをイメージした、どこにもないオリジナルの花を描いた。部分的にビーズを装飾することで、さらにジュエリー感を盛り上げている。缶の角度を変えるとビーズの一部がキラキラと光る。デザインは社内デザイナーが手がけた。

側面はブランド名の頭文字「VRC」を手描きのモノグラム柄にし、遊び心あるデザインにした。
ベリールビーカット スペシャル缶

ブランドカラーであるルビー色（赤）を引き立てるため、水色を配色している。
ベリールビーカット オリジナル缶（現在終売）

🏬グレープストーン

なかお
NAKAO

宮城県と山形県で、うつわ、木炭焙煎珈琲、お菓子、雑貨の販売とカフェを営むお店。インパクトの強いこのお菓子缶は、型染めデザイナー関美穂子氏によるもの。子どもも大人もワクワクするようなデザインをお願いしたという。一見、おとぎ話のようなデザインだが、「NAKAO」で販売している、コーヒーやスプーン、フォークなども描かれ、側面に「NAKAO」のロゴである登り窯もデザインされている。関氏は、「NAKAO」のコーヒーのパッケージなども数多くデザインを担当。鮮やかでありながらもどこか懐かしい香りがする、郷愁を誘う缶。

NAKAO のお菓子箱

メリメロ　グラン6

メリメロM

メレ・ド・ショコラ
Mêlé de chocolat

フリーズドライのフルーツに独自の製法でチョコレートを浸みこませたチョコレート菓子のブランド。老若男女問わず手にしやすいパッケージになるよう、さわやかさを意識。白い缶全面に、繊細でナチュラルなテイストのフルーツのイラストをちりばめ、ふたと側面の柄合わせにまでこだわった。

中島大祥堂

兵庫の丹波栗や丹波黒豆などを生かした和洋菓子のブランド。クッキー缶は、京都のテキスタイルブランド「SOU・SOU」によるもの。ベースのテキスタイルをクッキー缶のためにアレンジ。思わず手に取りたくなるかわいさを意識したカラーリングにした。商品を購入すると同じデザインの専用紙袋がつく。

丹波フールセック

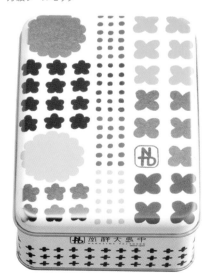

さらさ焼菓子工房

京都三条会商店街にある焼き菓子店。Sサイズは、カップケーキとホイッパーが描かれたポップな柄。Mサイズは、更紗模様（※）をヒントにデザインしたという。サイズによってイメージをがらりと変えるところがおもしろい。
※更紗模様とは、インドやジャワ、ペルシアなどから日本に入ってきた、綿布に染められていたエキゾチックな模様のこと。

SARASA クッキー缶 S サイズ

SARASA クッキー缶 M サイズ

Elegant

デザインにどこか優美さを感じる缶は、
"どこに出しても恥ずかしくない品格"を持つため、
コレクションとしてだけでなく、
ハレの日のギフトとしても使いやすい。

銀座COOKIE（32枚）　※和光アネックスにて販売

和光

東京・銀座4丁目にある「和光」。銀座のランドマークとも言える、"時計塔"が描かれたクッキー缶は、まさにシンプルエレガンス。誰もがひと目で見てわかるものだからこそ、余計な装飾を一切省いたのだろう。2022年には時計塔90年、和光75年を迎え、「銀座COOKIE9075」を発売。通常、横向きでデザインをしていた"時計塔"を縦向きに配置。黄色と水色、黄緑色の3色をベースにカラーリングを施した。アニバーサリーイヤーを彩る華やかなクッキー缶となった。

2022年5月15日オンライン発売開始日に即日完売。あまりの反響に限定数量を設け、1カ月予約販売を行った。発売開始から1カ月で約2000点を売り上げる大ヒット商品となる。
銀座COOKIE9075（18枚）
（現在終売）

2017年

2018年

2022年

2017 年から始まった、「銀
座 COOKIE」クリスマス
限定缶。クリスマス缶に
共通するテーマは、「心躍
るクリスマス」。それを軸
に誰かにプレゼントしたく
なるような趣の缶が発表
されている。それだけに
こうして歴代の缶を並べ
てみるとおもしろい。
※ 2021 年は発売なし。

2020年

2019年

アトリエうかい

東京・神奈川を中心に、さまざまなレストランを経営する「うかいグループ」。2017年アメリカの トランプ前大統領が来日した際も、鉄板料理「銀座うかい亭」でディナーを楽しんだとして一 躍脚光を浴びた。その「うかい亭」でコース料理の最後に提供していた「プティフール」を「家 でも味わいたい」という顧客からの声に応える形で2012年に商品化したのが「フールセック」。 翌2013年には、フールセックなどの洋菓子に特化した「アトリエうかい」をスタートさせた。“う かい”の世界観を踏襲した美しい缶はこのような経緯で誕生した。デザインは「アトリエうかい」 のグランシェフパティシエ・鈴木滋夫氏が全商品を監修。

この缶が誕生した2012年 当時、「銀座うかい亭」のブ ランドカラーは朱色だったた め、朱色を主軸にゴールド を合わせ、アール・ヌーヴォー なインテリアが特徴的な“う かい”の余韻を自宅に持ち 帰っていただけるよう、アー ル・ヌーヴォー調のレリーフ を缶にあしらった。 フールセック・大缶

2012年発売。「うかい亭」カ ラーが強い大缶に対し、こちら は「アトリエうかい」らしさを出 して作りたいと考え、新しい色 合い＝水色を使用。今はこの 水色が「アトリエうかい」のコー ポレートカラーとなっている。 フールセック・小缶

2015 年発売。白ワインやシャンパンに合う、塩気のある焼き菓子が入っているため、ワインラベルのような品と高級感あるデザインを目指した。「アトリエうかい」のカラーである水色がここでも使われている。
フールセック・サレ缶

2021 年、名古屋催事限定・バレンタイン限定で発売された丸缶。ブランドカラーの水色にやわらかなピンクを施した。いちばんフェミニンで女子力の高いデザイン。
名古屋催事限定 フールセック・丸缶（現在終売）

2021 年、「アトリエうかい髙島屋京都店」オープンに合わせ製作。京都という町の至るところにある神社の鳥居の色である朱色と、その背景にある木々の緑を合わせてデザインされた。
京都・大阪限定 フールセック・丸缶

唯一の和テイスト缶。ブランドカラーである水色が引き立つ白い缶を使った、お重を思わせるような缶。缶ぶたには、「鹿の子」や「銀杏」「網代」など幸せを願う縁起の良い吉祥文様などが描かれている。ただ 1 つ、「果物」の文様だけがオリジナルである（真ん中右）。
フールセック・サブレ缶

ミニジュエルボタン缶

「青山デカーボ」初の「ジュエルボタン缶」。この缶と「ミニジュエルボタン缶」は、ハイヒールアクセサリー作家のチャンパカ氏が作るピアスをモチーフとした。イラストは緒野まとぺ氏による。

2022年9月発売。通称"ネコバレリーナ缶"。ネコ缶

青山デカーボ

20年以上前から、ヘルシースイーツを作り続けてきたノウハウを生かし、グルテンフリーや低糖質のスイーツを作り続けているブランド。オリジナルのお菓子缶を作ろうと思ったのは、大阪製缶の既成缶販売部門である「お菓子のミカタ」の「ビジュー缶」との出会いが大きかったという。「ときめくような素敵なお菓子の缶が私たちのお菓子を運び、たくさんの人たちに食べてもらえたり、贈り物にしていただける」ことから、オリジナルのお菓子缶作りをスタート。そして2021年3月、「ジュエルボタン缶」が誕生した。"世界を旅するお菓子になってほしい"という願いを込めて、素敵な場所へと誘ってくれる靴、そして宝石のようなかわいさを持つ世界のヴィンテージボタン（イギリスやカナダ、アメリカ、台湾などのもの）を描いた。百貨店の催事などで、熱い視線を集めている缶。

※ジュエルボタン缶やネコ缶にはチャームがついているが、今回はあえて缶だけを取り上げさせていただいた。

ブローチ缶

2022年3月に発売。アクセサリー作家 sary 氏が作る、くまブローチや家型ブローチを缶に再現。細かなエンボス加工を施し、色合いにもこだわった。くまのおなかには宇宙が描かれている。

「ピカソとその時代　ベルリン国立ベルクグリューン美術館展」（国立西洋美術館、国立国際美術館で開催）のコラボグッズとして作られた「ドイツ缶」。ドイツを連想させるビールや民族衣装、城や車が描かれている。

東京限定くま缶は、伊勢丹新宿店「イセタンシード」、羽田空港、東京駅、上野駅などの取り扱い店舗のみにて販売。

バターステイツ
BUTTER STATE's

バタースイーツ専門店。初めて見たとき、お菓子缶だと思わず、アパレル系かコスメが入った缶かと思ったほど。ふたと本体とで色のメリハリをつけることで、大人っぽいデザインに仕上げた。

バターステイツ セレクト缶

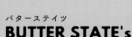 グレープストーン

マモン・エ・フィーユ
Maman et Fille

神戸の焼き菓子専門店。「マモン・エ・フィーユ」とはフランス語で、「母と娘」を意味する。お菓子作りが大好きな母のもと、それを食べて育った娘の松下奈保氏が店を始めたことに由来する。その松下氏がパリで出会い、一目ぼれした幾何学模様を缶に用いた。この幾何学模様は、昔、フランスでは"ブッシェリー（肉屋）の床のタイル"として使われていた伝統的なものだという。そしてパリをすぐイメージしてもらえるよう、トリコロールカラーにした。立体感が出るよう、印刷の色の重ね方にもこだわっている。

フレンチビスキュイ缶

彩果の宝石

フルーツの形をしたひと口ゼリーの「彩果の宝石」の缶と言ったら、いちご缶が有名だが、花缶やスーベニアコレクション缶も出している。「花缶」は、2021年9月に発売した、スーベニアコレクションに比べるとふたまわりほど小ぶりな缶。ステンドグラスで作られたような花が描かれ、どことなく昭和レトロな雰囲気を持つ。91ページのスーベニアコレクションは、全4種類。当該の三越伊勢丹店舗、及びその地域でしか販売されていないため、プレミア感のあるシリーズとなっている。しかしどちらもこの物価高騰の時代の中、1000円台をキープ。スーベニア缶など1000円台にはまったく見えない高級感があり、ご当地土産として推したい。

花缶

JR京都伊勢丹限定。かんざし、折り鶴、五
重塔に扇子や和傘。和の魅力にあふれる京都
の風景と伝統工芸品をあしらったデザイン。赤
と紺で構成された世界観も京都らしくていい。
京都スーベニアコレクション

日本橋三越本店限定。日本橋の歴史は古く、
江戸幕府開府とともに架けられ、1604年に
は全国に通じる五街道の起点に定められた。
日本橋スーベニアコレクション

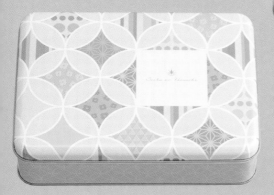

銀座三越限定。円が続く「七宝柄」は円満、
調和、ご縁などの意味が込められている縁起
のいい柄。この和柄に、銀座の歴史あるイメー
ジと今っぽさを融合させてデザインした。
銀座スーベニアコレクション

直営店（※）と浦和伊勢丹限定。埼玉県
の花であり、「彩果の宝石」の本社があるさ
いたま市の花であるサクラソウが描かれてい
る。現在、特別天然記念物に指定されてい
るさいたま市桜区にある田島ケ原のサクラソ
ウは、この地へ徳川家康が鷹狩りに訪れた
際、その美しさに惚れ込み、江戸城まで持
ち帰ったという言い伝えもあるほど。
浦和スーベニアコレクション

※直営店は「彩果の宝石」HPに記載。

91

Artistic

アートな魅力にあふれた缶。
それはまさに、私たちが買える"手のひらの上の美術品"。
いつ見ても、何度見ても飽きない魅力にあふれている。

「KEITA MARUYAMA」の
アーカイブ柄から大人気の
チャイニーズサーカス柄を
あしらった缶は2022年2
月に発売。黒ベースの缶
に、色とりどりの人や馬、
パンダが描かれた個人的
にいちばん好きな缶だ。
詰め合わせクッキー缶
(Chinese Circus)

ケイタ マルヤマ
KEITA MARUYAMA

ファッションデザイナー・丸山敬太氏が、「衣食住すべてが、ファッションである」という考え
のもと、2021年11月「KEITA MARUYAMA "OMOTASE" PROJECT」を始動。これまでファッショ
ンで表現してきた「ケイタマルヤマ」の世界観を食でも展開したいという思いから、第一弾とし
て多くの人に愛されるクッキー缶を発売した。缶に用いられた柄はすべてブランドの人気柄をア
レンジしている。このクッキー缶の登場はブランドのファンを喜ばせただけでなく、スイーツマ
ニアやお菓子缶マニアたちに衝撃を与えた。BASIC以外のデザインはすべて再販未定。

2021年、最初に発売されたのがこの2種。ブランドロゴをシンプルにあしらった「BASIC」(写真・左)と、ブランドを象徴する花鳥柄をあしらった「Oriental Flower」(写真・右)。「BASIC」は現在も販売。

写真・左は、第2弾として発表された「陶器小花柄」。夏限定の「Lemon」(写真・右)は2022年6月に発売された。「KEITA MARUYAMA "OMOTASE" PROJECT」を始めたときから、初夏にはレモンクッキーが入ったレモン缶を作りたいと思っていたと丸山氏自身が語っている。

六花亭

「マルセイバターサンド」や「大平原」で知られる、北海道を代表する製菓メーカー。その「六花亭」の代名詞とも言える、花柄包装紙を描いた、北海道出身の画家・坂本直行氏。2006年から、その坂本氏が描いた植物や花を季節ごとにデザインした缶を順次発売。花柄、ふくじゅそう、はまなし、かぼちゃ、きたこぶし、ポインセチアの全6種が揃う。ただし、販売される柄は季節によって変わる。直営店舗では缶のみの販売や、好みの商品の詰め合わせ対応も行っている。

六花セレクト缶（花柄）
※販売期間5月1日
～6月30日まで。

詰め合わせ内容は代表的なもので「マルセイバターサンド」や「霜だたみ」などが入っている。夏季販売の「はまなし」の缶の中身。（入っている菓子の数も季節によって変更）。

94

きたこぶし

販売期間 3 月 1 日〜 4 月 30 日まで

はまなし

販売期間 7 月 1 日〜 8 月 31 日まで

かぼちゃ

販売期間
9 月 1 日〜 11 月 15 日まで

ポインセチア

販売期間 11 月 16 日〜 12 月 25 日まで

ふくじゅそう

販売期間 12 月 26 日〜 2 月 28 日まで

おもてなしクッキー（小）

おもてなしクッキー（大）

神乃珈琲
かんのコーヒー

美術館とのコラボでもなく、独自でこの路線のお菓子缶を出す孤高のセンス。初めてこの缶を見たとき、今までにない、ふりきったデザインに感動した。日本人による日本人のためのコーヒーを追求し、日本で最高位のカフェを目指すことをコンセプトにしたスペシャルティーコーヒー専門店。そのためクッキー缶にも日本独自の繊細な美にこだわり、当初より画家である福田美蘭氏の作品を使用することを決めていたという。氏の「見返り美人鏡面群像図」の美しさとマッチするよう、側面は着物の柄を部分的に切り取りデザインしている。

ママン・ガトー

長崎県民にとっては馴染みの深い版画家の故・田川憲氏による水彩画を使用。こんなにも味わい深いお菓子缶が他にあるだろうか。「窯焼き熟成缶ケーキ」で有名な「ママン・ガトー」は、先代の本田邦子氏が、長崎で130年以上の歴史を持つ老舗洋菓子店「梅月堂」に嫁ぎ、50年目の金婚式を節目である2009年に立ち上げた焼き菓子専門店だ。本田氏は田川氏と親交が深く、今でいうコラボ商品としてこの商品が生まれた。原画の印象を壊さず、それでいて印象的な色合わせやモダンな色調が古き良き長崎を思い起こさせる。
阿蘭陀せんぺい

パティスリーリョウラ

世田谷区用賀にある、菅又亮輔シェフが手がける本格フランス菓子のパティスリー。2018年、クッキー缶を作る際、デザインに意味を持たせたいと思い、シェフが生まれた新潟県佐渡島の佐渡つばきをモチーフにした。そして2018年に"つばき缶"を発売したところ予想以上の反響を得たため、2021年、冬の花であるつばきに対し、温かい季節の花である"アネモネ缶"を発売。花のデザインを楽しんでもらうため、店のロゴはあえて天面に入れず、ふたの側面に入れた。花の絵はあーちん氏が手がけた。

サブレアソルティ つばき

サブレアソルティ アネモネ

ビスキュイ缶（ラベンダー・ローズマリー）

ビスキュイ缶（チーズ＆ブラックペッパー）

アトリエ桜坂 AZUL

料理研究家・武陽子氏のオーダー菓子工房「アトリエ桜坂 AZUL」。武氏が、布作家である原田恵津子氏が描くイラストが好きで、原田氏の作るオリジナルキャラクター"フランソワーズちゃん"と"AZUL ファミリー"である犬用クッキーのキャラクター"ジョリードッグ"をイメージし、未来のアトリエを描き下ろしてもらった。よく見るとアトリエで販売されている商品も描かれている。2021年12月に発売して以降、いまだ数百缶が1日もたずに完売している。

2021年秋。初のオリジナル缶となったのが、このリス缶だった。
ガレット缶・秋
【リス】

パティスリーガレット

"ガレット愛"にあふれるあまり、どうしてもガレット専門の缶を作りたかったというマダムの久保まさこ氏。ただしガレットがきれいに納まる缶はないだろうと半ばあきらめかけていたところ、シンデレラフィットする現在の缶に出会った。すべてのデザインの主役は"ガレット"。そのため、どの缶にも必ずどこかにガレットやガレットに関連するものが描かれている。イラストはNakadeX氏、「Premium Galette」のロゴは書家である越智まみ氏、グラフィックデザインは瀬戸伸雄氏によるもの。

キングペンギンがガレットをくわえながら行進している絵。大きなガレットを必死にくわえて歩く姿がかわいく、マダムの久保氏は冬のスマホの待ち受け画面にしているという。
ガレット缶・冬【ペンギン】

コンセプトカラーである紺を基調にしたブルーのトラックが、巨大ガレットを運ぶ、夢ある缶。
ガレット缶・夏【トラック】

ガレットの雲が浮かぶ、初夏のすがすがしいモンサンミッシェルをイメージ。
ガレット缶・初夏
【モンサンミッシェル】

いちばん人気を誇る缶。島全体がガレットでできており、エッフェル塔やモンサンミッシェル、ガレットのお店も見える。島の上空にはたくさんの気球。ヨーロッパでは"ロビン"の愛称で呼ばれる、幸せを運ぶ鳥"ヨーロッパコマドリ"も隠れている。
ガレット缶・春【ガレット島】

クリスマス限定。サンタとトナカイがガレットを食べながら、クリスマスプレゼントのリストアップを行っているところ。マグカップの「T」と「M」はシェフとマダムの頭文字である。
ガレット缶・クリスマス【サンタ&トナカイ】

花と寅／ハナトトラオカシブ

兵庫県にある"不純喫茶"「花と寅」（現在は通販のみ）のキラキラお菓子部門である「ハナトトラオカシブ」。ここのお菓子缶をひと言で表すと「クセが強い」としか表現できない。もはや個性すらも軽く超越した濃厚な世界観。ただしすべての缶に共通するテーマは「飾れるクッキー缶であること」。これらのお菓子缶が誕生したきっかけは"コロナ禍"だったという。"お菓子を楽しんだあと、家で作品を愛でてほしい"。展示の機会が激減した作家と、巣ごもり生活で展示会に出かけられない顧客をつなぎたいという思いが、これだけのお菓子缶を作り出した。そして現在も作り出し続けている。

初代であり、現在も中のクッキーを変えながらさまざまなイベントで登場するクッキー缶。イラストは西本百合氏によるもの。
※ 2023 年より新デザインが登場する。

毎年 10 月、開店記念に出す「メモリアルクッキー缶」は、「美しい人が振り向くポーズ」を作家に依頼している。（現在終売）

「美女と野獣」（画：淵"）。
3 周年メモリアルクッキー缶

「Entrance」（画：鮎〈Ayu〉）。
2 周年メモリアルクッキー缶

クリスマスコラボ缶は、イラストレーターはもちろん、お菓子缶の仕上がりを左右するメーカーにもこだわった。そのため、毎年「修芸社」に頼んでいるという。繊細なシルクスクリーン印刷が美しい。2020 年は西本百合氏による崇高なイラスト（写真・左）、2021 年は武田錦氏による耽美なイラスト（写真・右）が缶を彩った。（ともに現在終売）

今まで携わったイラス
トレーター、画家は
20人近く（現在も増
加中）。これだけの作
家陣が関わってくるお
菓子缶を私は他に知
らない。耽美、退廃、
異端、妖艶、そして毒。
そんなものを感じさせ
るお菓子缶も他に知
らない。

ミニ缶

2022年のバレンタイン限
定缶として登場した"トラノ
コレビューシアター"。寅年
×店主が宝塚好きというこ
とから生まれた。イラスト
は西本百合氏によるもの。
それまでの缶とは趣が180
度違うのがおもしろい。

坂角総本舗

「坂角総本舗」は1889年に創業。言わずと知れた海老せんべいの「ゆかり」の会社である。"坂角の缶"と言ったら、黒地に海老の紋が入った缶しかないと思っていたのだが、名古屋でしか買えない"限定缶"があった。長年、名古屋土産として親しまれてきた「ゆかり」だが、現在は全国の百貨店で購入することができるようになったため、あえて名古屋でしか買えない、名古屋らしいパッケージの"黄金缶"を開発。名古屋のシンボルである徳川家康と名古屋城の切り絵を合わせた。2022年にはリニューアルされ、さらにまばゆい輝きを放っている。どちらも素敵だが、「12枚入」の家康のかっこ良さよ。好きすぎる。

ゆかり黄金缶（12枚入）
※「ジェイアール名古屋タカシマヤ」限定。

ゆかり黄金缶（18枚入）

プレミアム・
アマンド缶

東京ラスク

国指定重要文化財である丸の内駅舎がまず目に飛び込んでくる印象的な
缶。東京駅周辺の地図もイラスト化している。東京駅限定のいわゆるお土
産ものだが、こうしたお土産ものにありがちな野暮ったさが一切なし。小洒
落た雑貨のようだ。手描きの線画にすることによって古き良き時代を思わせ
るようなレトロな雰囲気に仕上がっている。デザイナーは「DESIGN OFFICE
SYNC」の齋藤文子氏。700円台という、値段の安さにも驚く。

コロンバン

2019年オープンの渋谷の新ランドマー
ク「渋谷スクランブルスクエア」の展望
施設「SHIBUYA SKY」。開業にあたり、
老舗洋菓子メーカー「コロンバン」が
作る「フールセック」を缶に詰めたオ
リジナル商品を製作することとなった。
地上約229mの高さがある「SHIBUYA
SKY」をふかんで捉えたデザイン。使う
色も最小限。ホワイトとブルーだけ。そ
のアーバンな雰囲気のせいか、日本が
さん然と輝いていた80〜90年代を思
い起こさせる。開業当初は40〜50代
の女性から高い支持を集め、1人で10
点購入する人もいたという。

SHIBUYA SKY フールセック

ふたを開ければ新鮮な驚き

缶はお菓子にだけ使われるものではない。
コーヒー、紅茶はもちろん、海苔や入浴剤の保存にも使われる。
ここではちょっと変わったものが入った、それでいて素敵な缶を紹介する。

オンライン限定
ビジュー・ド・グラッセ フリュイルージュ
※夏季中心に年間を通じ、不定期販売。数量限定。

宝石のカッサータ

「カフェタナカ」の
ビジュー・ド・グラッセ
フリュイルージュ

"素敵なお菓子缶" を語るうえで、もはや絶対に外せない「カフェタナカ」。2020 年にオンライン限定で発売したお菓子缶は、中にジェラートが入っている。この斬新な発想。甘酸っぱいいちごとコクあるバニラを重ねたジェラートとコーラルピンク×ゴールドの缶が織りなす、華やかな調和。これほどまでにときめくフェミニンな缶があっただろうか。早いときは限定 100 缶が 1 時間もたずして完売する。

「ハラペコラボ」の
宝石のカッサータ

シンプルな缶と中のきらびやかなカッサータが織りなす、絶妙なコラボ。あえてロゴが目立つようなデザインにはせず、カッサータが映えるよう、そして食べたあともずっと愛用していただけるよう、シンプルな缶を用いたという。この究極のシンプルな缶という結論に至るまでは、インスタグラムのストーリーズでフォロワーにアンケートを取ったり、何度も社内会議で話し合ったという。発売後、1 週間分の予約が数時間で完売したという。

Precious チーズチーズ

「HAPPY SUGAR」の precious チーズチーズ

そもそもケーキが入った缶というものは、あまりない。大阪製缶の既成缶販売部門である「お菓子のミカタ」という店を見つけて以来、チーズケーキを入れたギフトを作るのが夢だったという。2020年、夢が叶い、念願のオリジナル缶を作った。店のイメージカラーであるアンティークブルーを基調に、高級感あるゴールドで縁取り。縁取りには小さなエンボス加工を入れ、繊細さと華やかさをプラスした。絵柄は手描きの線画でチーズケーキとその素材をモチーフとした。新しいのにアンティークのようなレトロな味わいがあるところが魅力だ。

※2022年8月。新潟県村上市に起きた水害により店舗が甚大な被害を受け、余儀なく休業。しかし10月には予約販売できるまでに復活した。

「三島食品」の オリジナルギフトFURIKAKE

このクールな"ふりかけ缶"を見つけたのは、今から4〜5年前。ふりかけ界の絶対王者「ゆかり®」を製造する「三島食品」が出しているのだが、なんと1997年からあるロングセラー商品だという。"ふりかけの持つ、既存の和風なイメージからの脱却"として顧問デザイナーから提案された商品であった。実はこの缶、「ゆかり®」シリーズと横幅がぴったりで、食べ終わったあとは再度ふりかけの収納箱として使える。缶のサイズは意図したわけではなく、顧客からの声で気づいたそうだ。

オリジナルギフト FURIKAKE

「クラブコスメチックス」の クラブ ホルモンクリーム クラシカルリッチ

90年近く愛され続けるコスメ「クラブ ホルモンクリーム」。2014年、大正時代〜昭和初期にかけて発売した商品の容器デザインをそのまま復刻させたクリームが発売された。見つけたときはその美しさに思わず息をのんだほどだ。

昭和初期に販売していた「クラブコケイ白粉」のパッケージを踏襲。

昭和初期までに制作された意匠案2つを組み合わせてデザインした。

大正14年から昭和初期まで白粉や香水、今でいう洗顔料のパッケージに使われた牡丹の花デザインをそのまま使用。

クラブ ホルモンクリーム
クラシカルリッチ

伝説のカメラ缶はこうして生まれた

2022 年のカメラ缶。

2019 年のカメラ缶。

2019 年のバレンタイン、「カルディコーヒーファーム」にある缶が並んだ。瞬く間に SNS を通じてこの缶の存在が広まり、約 3 日で完売。私もこの争奪戦に敗れた 1 人だった。その缶とはギフト商品を手がける「エウレカ」という会社が開発した "カメラ缶" だった。

2020 年に発売されたフィルム缶。"カメラ缶" から派生して生まれた缶だ。

今から 20 年前。当時、食品商社勤務だった、「エウレカ」の社長である上田氏。出張先の「マークス＆スペンサー」（イギリス）で見た、「特徴があり、造形が複雑で、見た人誰もが納得をするようなこだわりのある缶」が日本になかったため、自ら作ってみようと決断。そこから "カメラ缶" の発売まで、3 年の月日を費やしたという。当初から "カメラ缶" にしようと思っていたわけではなく、黒電話や郵便ポスト、ガソリン給油機なども候補にあげていたという。

しかしこの "カメラ缶" が世に広まったのは、「カルディコーヒーファーム」のバイヤーのおかげであったと上田氏は言う。「私が知る中で、最も新商品販売に積極的で、販売力も飛び抜けており、初期サンプルの段階で 1 度で販売を快諾してもらいました。それを皮切りに有名雑貨店での販売が次々に決まっていきました」。

2019 年以降、"カメラ缶" はシリーズ化し、毎年新たなデザインで私たちを楽しませてくれている。

◎エウレカ

PART 5

日本で買える
外国のお菓子缶

英国などはお菓子缶の歴史が古く、ヴィク
トリア朝時代からあったと言われている。
日本とは違った華やかさや、ある種の "変
わらない懐かしさ" が魅力の外国の缶。新
旧合わせて紹介する。すべて日本で買える
ものだ。

アメリカンクッキー缶

ディーン アンド デルーカ
DEAN & DELUCA

食のセレクトショップ「ディーン&デルーカ」。店内には年間を通してさまざまなお菓子缶が並ぶ。中（お菓子）と外（お菓子缶）のバランスがベストなもの、ストーリーがあるもの。ただ "かわいい" "おしゃれ" なだけじゃないのは、バイヤーによる繊細なフィルターを通したものだけが並んでいるからだ。しかしそんな世界各国から厳選されたお菓子が並ぶ中、長きにわたり、不動の人気を誇るのが、オリジナルの「アメリカンクッキー缶」だ。「ディーン&デルーカ」の本国であるアメリカと同じ仕様で、シンプルなシルバーにショップ名だけがエンボス加工で刻まれた缶。流行り廃りの激しいお菓子の中で、お菓子売り場のアイコンとして存在している。

グミやキャンディなどが入った片手サイズの円筒形の缶。こちらもアメリカと同じ仕様で日本では2016年からある人気お菓子缶。
コンフェクション
缶シリーズ（約15種類）

Signature Tin(黄色のクラシック缶)、
Assorted Flavors Tin（青の 4 種類のフレーバー缶）

NO CHEWING ALLOWED!

ノーチューイングアラウド

ニューヨーク生まれのチョコレートブランド。2021 年に日本に初上陸。創業者であるリオール・ゲンゼル氏の家に 1934 年から伝わる秘伝のレシピから作られた味、なめらかさ、絶妙な溶けやすさを追求したトリュフが中に入っている。最初は、ブランドのロゴだけが入った缶だったが、リオール氏が、あるデザイナーに出会い、幼少期にこのトリュフを食べたときのイメージを伝え、まず男の子のキャラクターとロゴが誕生した。4000 円台と正直、決して安い値段ではない。しかし、2021 年 7 月に「渋谷スクランブルスクエア」で開催された初の催事では、初日に完売。かつ、期間中何度も品切れする事態に。あまりの人気ぶりにリオール氏がいちばん驚いていたという。

Fat Witch Bakery Japan

ファットウィッチベーカリージャパン

パトリシア・ヘルディング氏が 1998 年に創業した、ニューヨークに本店を持つブラウニー専門店。"おいしいニューヨーク土産" として一世を風靡。日本に上陸したのは 2015 年。

2020 年の発売以来、いまだ入荷と同時に即完売する"幻のチョコチップクッキー"。メイン商品であるブラウニーと同じくらいこだわりを持って作られているため、クッキー缶にもブランドのシンボルである魔女のイラストを大きくデザインした。また缶の側面にはニューヨークのスカイラインを施し、棚に置いた際にも気分が上がるデザインにしている。尚、「ついつまみ食いしてしまうほどおいしいクッキー」であることから、開け閉めに耐久性があり、優れた保管性にもこだわった。缶を閉める際、「ガチッ」と音がし、閉め忘れの心配がない。
チョコウィッチクッキー

ブランドの故郷である、ニューヨークの味と風景を思い出し、楽しんでもらえたらという願いを込めて、ニューヨークのアイコンをちりばめた。
Treasure

日本発売のものは、日本人の好みに合わせた本国よりも小ぶりなサイズで"Baby"と呼んでいる。初めての人も手に取りやすいブラウニーを 4 個詰め合わせた缶。
4 個缶

2022 年に初登場のハロウィン限定缶。本国・アメリカのハロウィン感を出すため、創業者であるパトリシア氏のアイディアスケッチをモチーフとした。
TREAT4

ルイス・シェリー
Louis Sherry

実業家で料理人であるルイス・シェリーが、1881年にニューヨークのマディソンアヴェニューに開いたレストラン「ルイス・シェリー」。アメリカがめざましい発展を遂げた時代にできた、今なお伝説として"語り継がれるレストラン"の遺産と言ってもいいだろう。チョコレートが入ったオルゴールの箱を思わせる蝶番缶は、もはや美術品レベルの美しさ。デザインの幅広さも魅力であり、"見ごたえのある"お菓子缶だ。

多彩なカラーバリエが魅力のコレクション。白はホワイトではなく「マグノリア」、紫はパープルではなく「アメジスト」。その他「メイソンブラック」「ヴリーランドレッド」「カメリアピンク」など、色の表現も洒落ている。スタンダード缶コレクション〈2個入り缶〉、〈12個入り缶〉

ニューヨークのクリエイター、ジョン・デリアンの作品「The Bower of Roses」を使用。この作品はパズルやフラワーベースなどにもなっている人気作品。
12個入り缶バウワーオブローゼズ

111ページの"ハリソン・ハワード缶シリーズ"新作。本の完成間近に本国から届いた。
12個入り缶チーター

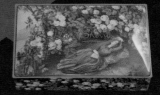

2 個入り缶シュバルドコース
　　グリーン

2 個入り缶シュバルドコース
　　ブルー

2 個入り缶バードドッグ

12 個入り缶ハウンド

12 個入り缶シンゲリーティール

1954 年にペンシルベニア州で生まれた、壁
画アーティストのハリソン・ハワードが「ルイ
ス・シェリー」のために描き下ろししたハリソ
ン・ハワード缶シリーズ。代表的なモチーフと
して馬、犬、鳥などがあるが、正統派の絵画
のようなものもあれば、シノワズリ調やファン
タジー調のものもあり、1 人の作者が手がけ
たとは思えない作風の幅広さが素晴らしい。

12 個入り缶バードアンドバタフライ

レジェンド缶コレクション。創業当時
の 1880 年代のデザインをそのまま用
いた、ブランドの代表的なデザイン。
クラシカルな魅力にあふれた缶。
12 個入り缶オーキッド

スパイスマインド

FRANCE

「ソンジュ」とはフランス語で「夢想」の意。森の妖精をイメージしたシックで秋らしい色使いが美しい。
角缶3種アソート／ソンジュ

ラ・サブレジエンヌ
la sablesienne

1962年、サブレ発祥の地であるロワール地方で創業。日本には2015年に上陸した。フランスのビスキュイトリエ（焼き菓子）業界においては非常にめずらしい女性がオーナーを務めるブランド。そのため美しさやフェミニンさを大切にしたパッケージ作りをしており、ブランドの個性となっている。缶のデザインは、オーナーであるアメリ・ロレ氏の幼少期の記憶や思い出からインスピレーションを受け、ラフにおこし、缶職人たちが形にしていく。デザインの美しさが評価され、ルーブル美術館やオルセー美術館内のショップでの取り扱いもある。缶に「1670」と書かれたものは、1670年にサブレ公爵夫人が作り上げたサブレのレシピを忠実に再現したシリーズだ。

「フェエリ」とはフランス語で「妖精」を意味する。デザインは、妖精の森に咲く花をイメージ。缶全体を彩るゴールドの効果で、上質な雰囲気を醸し出している。天面がブルーであるのに対し、側面をピンクにすることで、見る角度によって印象が変わるようになっている。
ギフト缶4種アソート／フェエリ

2021年、本国フランスでもほぼ同時期に発売となったラウンド缶。スクエア缶に比べると女性らしく、優しい印象になることがわかる。ブランドとしてはめずらしいマットな加工が施されているため、ゴージャスながらも品のあるデザインになっている。
ラウンド缶／宝石箱

薄缶／パリブルー　　　　　　薄缶／レーヴ・ドゥ・パリ

ブルーとピンクの通称"エッフェル塔シリーズ"は通常の角缶よりも薄いタイプ。ブルーの「パリブルー」の方には、パリを象徴するエッフェル塔やモンマルトルのサクレ・クール大聖堂が描かれており、ピンクの「レーヴ・ドゥ・パリ（パリの夢）」は、"パリに憧れる京都の女性が思い描くパリ"をモチーフにしている。側面には猫も描かれている。この「レーヴ・ドゥ・パリ」は、アメリ氏が日本のためにデザインしたもの。

「ラ・サブレジエンヌ」のラインナップの中でもめずらしい南国テイストのデザインは、2021年の夏に登場。ピンクやブルーという甘い色に、あえて"黒い鳥の絵"を合わせるという、高度な配色センスが実にフランス的。

ピンク：
角缶3種アソート
／椰子園、
ブルー：
角缶3種アソート
／楽園

ギリシャ神話の知恵と芸術、戦略を司る女神・アテナが常に従えていたフクロウ。知恵や賢さを象徴する鳥だが、フランス語で「セ・シュエット（フクロウだ）」は「いいね」「素敵」という意もあるという。ツバメの缶もそうだが、このステンドグラスを思わせるようなフクロウ缶も、デザインの素敵さだけでなく、込められた意味の深さも含め、ハレの日のギフトとして推したい。
角缶2種アソート／フクロウ

フランスでは郵便局のマークや雑貨に数多く見られる、ツバメモチーフ。ツバメは幸せの象徴であり、「戻る」「復活」のシンボルだとも言われている。そのため、個人的に"ラッキーチャーム缶"の位置づけ。日本上陸時よりある人気デザイン。
角缶2種アソート／ツバメ

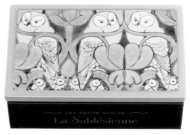

ガレット・
バタービスケット
ファイアンス・
カンペール白缶

ガレット・
バタービスケット
アンリオ缶

ル ブルターニュ
Le Bretagne

1996 年からフランス・ブルターニュ地方の伝統料理であるそば粉のクレープや、シードルをはじめとするブルターニュの厳選された特産品を輸入し、日本に紹介している。ガレット・バタービスケット缶は、17 世紀、ルイ 14 世の時代に発展した伝統工芸「カンペール焼き」の絵柄が用いられている。「カンペールタッチ」という名の温かみある独特の絵柄は、陶器でありながらピカソやゴーギャン、セザンヌなどに影響を与えたと言われている。ブルターニュ各地の民族衣装に身を包んだブルトン（ブルターニュ地方の人々）や花、伝統的な模様が描かれている。そしてこの缶の隠れた魅力は、店名やブランド名が入っていないところ。絵柄を存分に楽しむことができる。

サンフラワー・イエローの
缶に、鮮やかな青い鳥や白
い鳥が描かれる。円筒形と
いう形のせいもあるが、ど
こか温かみを感じる缶。
ガレット・バタービスケット
オワゾー缶

大輪の花と鳥が色鮮やかに
描かれた缶。背景が白のた
め、イエローの缶よりもさ
らに華やかさが増す。

ガレット・バタービスケット
フルール・ド・カンペール白缶

ガレット・バタービスケット
フルール・ド・カンペール白缶大

こちらは塩バターキャラメル
で有名なフランスの老舗菓
子メーカー「バルニエ」社
のキャラメル缶。良質な塩
の産地としても知られるブル
ターニュの浜辺で遊ぶ子ど
もたちと、貝殻やヒトデがク
ラシカルなタッチで描かれて
いる、夏の始まりを感じさせ
る情緒あふれる缶。とても
好み。天面のアウトラインと
側面はヒトデの模様が覆う。
小箱サイズなのもいい。
塩バターキャラメル
〈貝殻と子ども缶〉

フーシェ
FOUCHER

1819 年、パリに創立した老舗ショコラショップ「フーシェ」と、1900 年名古屋で創業した「松風屋」が提携して生まれたのが、「フーシェジャパン」だ。2023 年には 50 周年を迎える。いくつかのお菓子缶を出しているが、どれもクラシカルな魅力を放つ。

「プチフール・セック」（フランス語で "窯で焼いた小さな乾菓子" の意）は、「フーシェジャパン」創立した当初から販売し続けているロングセラー商品。缶のデザインや中身を時代に合わせて変えながら、40 年以上販売している。現デザインになったのは 2017 年から。ヨーロッパのエレガントな皿をイメージしたデザインだ。

プチフール・セック（秋冬）

プチフール・セック（春夏）
※プチフール・セック
（缶入りは全 3 サイズ）

2022 年に、バレンタイン商品として販売された。本店があるフランス・パリの象徴であるエッフェル塔をメインに、凱旋門やオペラ座をさりげなく配置。そして気球を描くことで（※1）、よりフランスらしさを演出した。
ボンボンジョワ（小）、（大）
※ 2023 年は販売なし。
※1 99 ページ「パティスリーガレット」の「ガレット島」の缶もそうだが、フランスに関するものに気球が描かれるのは、1700 年代、フランスのモンゴルフィエ兄弟が熱気球を発明したことに起因する。

「プチフール・セック」同様、「フーシェジャパン」創立当初からあるロングセラー商品。「アマンド・ロワ」とはフランス語で "アーモンドの王様" の意。"王" という名にふさわしい、堂々とした風格を保ちつつ、香ばしいクッキーに合う暖かなガラスランプをイメージしたデザインにしたという。インスピレーションは、エミール・ガレのガラスランプから受けた。サイズ展開が豊富なところも魅力であり、現在、減少している大きいサイズの缶もあり、いちばんサイズの大きなものは食べ終わったあと裁縫や日曜大工の道具入れになると好評を得ている。
アマンド・ロワ（缶入りは全 5 サイズ）

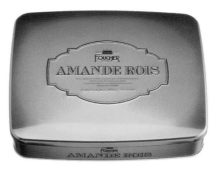

フーシェジャパン

ブレトン（ネイビー缶／ガレット 350g 入り・
イエロー缶／パレット＆ガレット 300g 入り・
ブルー缶／パレット 280g 入り）

ラ トリニテーヌ
La trinitaine

前著でも紹介した、ヨットが盛んな "ラ＝トリニテ＝シュル＝メール" から名前を取った、ガレッ
トブランド。廃盤になったものも含めると約 500 種類にも及ぶデザインのガレット缶を販売して
きた。写真の "ブレトン缶" は 30 年以上前から細々と輸入されており、私も 20 年近く前に 1
度見たきり、目にすることはなかった。「ラ トリニテーヌ」の缶の中で最もクラシックなデザイ
ンであり、1930 〜 1950 年代にかけて、ブルターニュにおいて広く普及していたビスケットの古
い広告に触発されたものだという。典型的なブルターニュの港の前で、伝統的な衣装に身を包
み、ヘッドドレスとブルトンハットをかぶった 2 人がビスケットを楽しんでいる様子が描かれてい
る。「ラ トリニテーヌ」というと今や、代表的な存在になってしまった「ロイヤルキャッツ」（22,29
ページ）があるが、この "ブレトン缶" は、フランスらしさが色濃く出ていて見逃せない。

®宝商事

KINGDOM OF BELGIUM

ベルメーレン
VERMEIREN

1650 年創業のベルメーレン・ファミリーが営むパン屋で焼いていたビスケット「スペキュロス（※）」がおいしいと評判になり、1919 年にビスケット専門メーカーとなったベルメーレン社。「ベルメーレン」のお菓子缶と言えば、ベルギーの街並みをモチーフにしたハウス缶が鉄板。単調な色合いではなく、ブルー×グレー、レッド×ボルドー、オレンジ×レッドなど屋根と家が絶妙な色の掛け合わせで作られているのが大きな魅力。阪急うめだ本店の催事「クッキーの魅力」（22 ページ）でも毎年安定した人気を誇る。中には全色コンプリート買いする人も。

※ 12 月 6 日、サンタクロースのモデルになったと言われている、"聖ニコラ" の祝日に食べられていたもので、シナモンやナツメグなどのスパイスでアクセントを効かせたビスケットのこと。

ハウス缶（全 6 種類）

©豊産業

ゴディバ あまおう
苺クッキー
アソートメント
（18 枚入）

ゴディバ オータム コレクション
モンブランクッキー アソートメント（18 枚入）

GODIVA

1926 年、ベルギー・ブリュッセルでマスターショコラティエだったドラップス氏がスタートした、言わずと知れた世界的なチョコレートブランド。お菓子缶マニアとして毎年注目しているのが、2012 年より毎年 2 月、3 月頃に発売される「あまおう苺クッキーアソートメント」18 枚入の缶と、2020 年 9 月から発売されている「モンブランクッキー アソートメント」の 18 枚入の缶だ（どちらも期間限定）。春は愛らしく、秋はエレガントな缶で登場するこのシリーズは、2000 円台で買えるという良心的な値段と、収納に非常に適した大きさの缶であることも高く評価したい。
※画像はともに 2022 年のもの。2023 年は違うデザインとなる。

ナポリタンアソート
缶入り（季節限定）

ミニタブレット
アソート（ネコ缶）
（季節限定）

ミニタブレットアソート
（クラシック缶）
（季節限定）

カフェタッセ
CAFÉ-TASSE

1989 年、ブリュッセルのあるカフェで、エスプレッソを飲んでいた男性が一緒に食べるおいしいチョコレートを自身で作ろうと決意をしたことで誕生した（※）。「カフェタッセ」とはフランス語でコーヒーカップを意味する。このブランドのタブレットタイプのチョコレートは通年販売しているが、缶入りタイプは毎年 11 月～翌年 3 月頃までの季節限定販売。輸入菓子取り扱い店や雑貨店などで販売している。そのため缶商品はレア度が高い。
※フランスやベルギーではコーヒーと一緒にチョコレートを食べるのが一般的。

エッグプラリネ
アソート缶入り
（季節限定）

⑱豊産業

UNITED KINGDOM

リントンズ
RINGTONS

1907年、サミュエル・スミス氏により、英国北部ニューカッスルで創業した紅茶商。創業当時は馬車で紅茶を宅配していたため馬車のロゴがトレードマークなのも洒落ている。高品質な茶葉を確実に顧客に届けるため、現在もスーパーには置かず、販売方法や販売地域を限定。この110年間英国人に愛されてきた幻の英国紅茶が、世界初日本に初上陸したのは2011年。本場・英国紅茶が味わえると地道にファンが増え続け、2021年には大阪阪神梅田本店に常設店をオープンした。

日本に「リントンズ」直営店が常設されることを記念して発売された缶。2007年に創業100周年を迎えた「リントンズ」が英国内のみで販売した希少な紅茶缶を日本限定で完全復刻。本来、英国の現地ではアンティークマーケットでしか出会えない。クラシカルなアイボリーと黒で構成された紅茶缶は、アイコンの馬車や紅茶商の歴史ある紋章、エンボスで彩られた茶葉のレリーフが美しい。高さ15cmある大ぶりの紅茶缶は紅茶大国ならではのサイズ感。中には人気のティーバッグ2種類（カップ150杯分）の紅茶入り。
100周年記念紅茶缶

文字でデザインされた缶。天面には「RINGTONS＝リントンズ」側面には「TEA MERCHANTS＝紅茶商」、そして紋章も刻印されたシンプルでクラシカルな缶。実はこちら、缶というよりも"ビスケットバレル"と呼ばれる英国雑貨。ビスケットバレルとはビスケット専用の入れ物のこと。ティータイム大国の英国において、ビスケットは欠かせない存在であり、そのために古くから"ビスケットバレル"があった。リントンズのビスケットバレルにはきちんと保存できるようにふたの裏にはパッキンがついている。
リントンズのビスケット缶（ショートブレッド入り）

PART 6

お菓子缶博物館

今はもうお菓子缶を出していないが、過去、素晴らしきデザインのお菓子缶を多数出していた「森永製菓」。常に新たなお菓子缶を作り出し、いまだヒットを連発する「メリーチョコレートカムパニー」。100年以上の長い歴史の中、人々の記憶に残るお菓子缶を生み出してきた「神戸凮月堂」と「モロゾフ」。今ほど"デザイン"という言葉が一般的ではなかった時代から、お菓子缶のデザインに力を入れてきた各社の"珠玉のお菓子缶"を見せてもらった。

森永製菓

1899年、森永太一郎氏が創業した「森永西洋菓子製造所」。明治、大正、昭和、3つの時代を経て、現在の私たちにとって"森永製菓"といったら、「ミルクキャラメル」に「ハイチュウ」、そして「エンゼルパイ」と普段のおやつを彩る身近なお菓子の会社というイメージだろう。そのため、お菓子缶と結びつくイメージがあまりないと思う。しかし以前は、缶入りの菓子や贈答用の缶菓子を数多く作っていた。そのクリエイティブと創造力に富んだ素晴らしいデザインの缶は、今も「森永製菓」の史料室に残されている。今回は特別に"森永製菓のお菓子缶"たちを撮影させてもらった。

それまで1粒5厘で売っていた「ミルクキャラメル」を、**1914年**に、携帯しやすく、保存耐久性も高まる、現在の"黄色い小箱"の元となる紙サック入りに変更。その紙サック入りのキャラメルを120個、紙箱の中に入れ、菓子店に搬入していた。最初はブリキの缶に、この鮮やかな絵柄の紙を貼っていたという。明治時代、「森永製菓」のパッケージはこうした西洋画を思わせる華やかなものが多かった。

1908年に発売された、キャラメル10粒入りのブリキ印刷小缶。しかし容器代にコストがかかりすぎ、バラ売りのものよりも高額になってしまい、消費者の支持を得られず失敗に終わった。今で言う、携帯用ミントケースの発想だったのだろう。

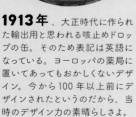

1913年、大正時代に作られた輸出用と思われる咳止めドロップの缶。そのため表記は英語になっている。ヨーロッパの薬局に置いてあってもおかしくないデザイン。今から100年以上前にデザインされたというのだから、当時のデザイン力の素晴らしさを。

1924年に販売が開始された、ピンク・ブラウン・ブルーの配色が洒落た携帯用ドロップ缶。当時、こうしたきれいな缶を「森永製菓」では「美術缶」と呼んでいた。

1923年、「森永製菓」が国内向けとして、初めて販売した16種類のビスケット。この16種のうちの1つが「マリービスケット」だった。1926年には、写真の"マリー丸缶"が発売。2007年から数年間、保存用として復刻販売された。赤×ネイビーにイエローをポイント使いしたトラディショナルな色使いは、今見ても美しい。

1930年に発売された携帯用ドロップ缶たち。当時、「森永製菓」は「お菓子をポケットに入れて外出する」という新しいスタイルの提案を行っていたためだ。甲冑をまとう武士がトラにまたがる姿が描かれたドロップ缶は、当時"慰問好適品（※）"として推奨されていた。今でも外国人向けのお土産ものにありそうなデザインだ。
※慰問好適品とは、戦時下、出征兵士をねぎらうため、内地から前線に送った薬や日用品のこと。

「クマドロップス」と同年に発売された、輸出向けの「ペット・ズー・チョコレート」缶。かわいいけれど、甘くはない洗練されたデザイン。中には七面鳥、めんどり、おんどり、にわとり、ゾウ、ライオンの形のチョコレートが入っていた。

1932年に発売された「クマドロップス」。今見ても十分にキュート。"ゆるキャラ"的なかわいさを感じる。

1934年に発売された「スマートドロップス」。今から90年近く前にこんなにもモダニズムな色使いをしたお菓子缶があったことに驚く。

1938年 頃には、さまざまなドロップ缶が作られた。そのうちの1つ。輸出用に作られたもののようで、金髪の子どもが描かれ、英語の表記となっている。だからか、外国の絵本のような魅力がある。

ともに**1935**年に作られたビスケット缶。雅な「フリソデビスケット」、文箱を再現したような「ネーションビスケット」。どちらもネオジャパネスクカラーを強力に打ち出したデザイン。おそらく輸出用として作られたものだろう。

1953年に発売されたドロップ缶。このデザインは1957年まで使用された。ワインレッドに近い赤と紺色を合わせた、大人っぽい濃厚な色使い。シンプル史上主義の今、こうした色使いをお菓子缶で見ることはまずない。しかし売り場にあったら確実に目を奪われる。魅力的。参った。

124 ページ・左下のドロップ缶が発売された翌年、**1954 年**に発売したフルーツドロップ缶。ドロップ缶とはがらりと変わり、パステル調になっている。

1954 年頃に発売された「森永アラモードビスケット」の缶。蝶をモチーフにした、アール・ヌーヴォー調のデザイン。アパレル的な美しさ。これも輸出用だったようだ。

1956 年には、芸術家の岡本太郎氏がデザインを手がけた進物用の缶「森永プラネットチョコレート」を発売。当時 500 円で販売されていた。タイムレスなかっこよさ。1959 年には画家の東郷青児氏の絵を使用した缶も作っている。森永が名だたる芸術家や画家とコラボしているとは思いもしなかった。

公益財団法人岡本太郎記念現代芸術振興財団

1956年 発売の「森永ロンシャンチョコレート」。当時の最高級の菓子が入った詰め合わせ缶だった。1900年代初頭のヨーロッパの透かし彫りを思わせる、ゴージャスな缶。赤い部分は透ける素材を利用している。昭和20年代後半から昭和30年代にかけて作られた「森永製菓」の缶は、底裏に中に入っている菓子の並び写真を印刷していた。

1957年 に発売された「森永ロビービスケット」の缶には、本物のリボンが使われている。文句なくかわいい。直径約30cmの大きな缶だが、当時は500円で販売されていた。

1962年
コーヒータップキャンデー

1963年
レモンタップキャンデー

1964年
アーモンドタップキャンデー

1960年代に販売されたキャンディー缶。化粧用コンパクトを思わせる蝶番缶は、当時の若い女性たちの心を捉え、爆発的な人気を呼んだ。食べ終わったあとの容器は、持ち歩き用の裁縫道具やボタンなど、"女性のたしなみ小物入れ" として使用されたという。

1961年 に発売されたドロップ缶はグラフィカルなデザイン。

1966〜1967年 まで発売された「森永チャーミービスケット」は花時計をあしらった缶。ちゃんと長針と短針が動かせる仕様になっている。1957年に日本第1号の"花時計"が神戸市役所にできて以来、70年代あたりまでは各地で"花時計"を目にしたように思う。1960年代はまだまだ花時計がブームだったのだろう。

1967年 夏から翌年の夏まで販売された「フラワービスケット」。当時300円で売られていたとの記録が残っている。天面全面を埋め尽くす、赤やピンク、黄色の花々。花というフェミニンなモチーフを大胆に使用しているのが新鮮。

1968年 の冬から1969年まで販売された「欧風あられ五色」の缶。直径約20×高さ約12cmとかなりの大きさがある缶だ。あられという和の菓子を、サイケデリックなひまわりの缶に入れるというセンスは、60年代〜70年代ならでは。

1967年に発売された「森永リップスキャンデー〈イチゴ・オレンヂ・レモン〉」は全5種類。写真のフルーツフレーバー3種の他、〈ミンツ〉と〈紅茶〉があった。手のひらサイズ。当時は50円であった。ヨーロッパの植物画を使ったようなデザインは、スイスあたりのブランドにありそうである。

「森永トリオ キャンデー」は、**1967年**に発売。イエロー缶はソフトキャンデー、ブルー缶はゼリー、ピンク缶にはハードキャンデーが入っていた。黒字にピンクと黄色を使ったロゴ。123ページ右下の「スマートドロップス」もそうだが、「森永製菓」はあまり菓子のパッケージに使われない"黒"という色をときに効果的に使う。

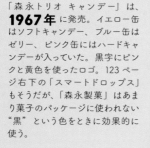

紅白の缶にピンクをポイント使いした、**1969年**の「コンパックチョコレート」の缶。

こちらも外国の携帯用キャンディー缶のよう。**1969年**発売の「アップルサワーキャンディ」。

1970年に発売されたあられ缶。縦約35×横約24cmの巨大な缶には、インドの伝統的な植物文様のような柄が描かれている。グリーンの缶に、ピンクの花という色使いもかなり刺激的で、中にあられが入っているとは想像もつかない。天面だけでなく、側面にもこの模様がしっかりと描かれている。当時の販売価格は1500円だった。

1972年に発売した「森永ローズイキャンデー」。赤いバラにオレンジのドット柄という、文句なく乙女な缶。撮影の現場でも、女性（20〜40代）満場一致で"かわいい"認定。そして印象深い缶でもあったのだろう。母が「昔見た記憶がある」と言っていた。私はまだ生まれていなかった。

メリーチョコレートカムパニー

1950 年創立。社名は、当時日本人にいちばん馴染みがあり、活動写真にも登場するアメリカ人女性、メリーさんから取ったという。現在も使っている、そこから連想した女の子の横顔のロゴマークは、創業者である原堅太郎氏が考案したものである。

渋谷時代　1956年〜1969年

2020 年 12 月の "クリームソーダ缶" の登場から、めざましい快進撃を続ける "メリーチョコレート"。そんな "メリーチョコレート" のお菓子缶の歴史は、大きく分けて「渋谷時代」と「大森時代」に分けることができる。渋谷時代とは、渋谷区鴬谷町に工場があった 1956 年から大田区大森に移転する前夜 1969 年 9 月までのこと。菓子はもちろん、お菓子缶も世相を見事に反映する。各時代のお菓子缶を追っていく。

今回、撮影中に偶然、見つかった包装紙。缶の中に保存されていた。この時代の "おとぎ話缶" シリーズの包装に使われていたのだろう。

正確な資料は残っていないのだが、1963 年、約 1 年の試作を経て生まれた「アーモンドスカッチ」の缶として、このような "おとぎ話缶" が誕生したようだ。

工場の倉庫で保管されてい
た缶は、あまりに保存状態
が良く、新品同様であった
が、缶に記載された住所
は渋谷区のもの。そのため
こちらも1960年代のお菓
子缶であると言われている。
"おとぎ話缶"の中のシル
エットシリーズである。

こちらもシルエットシ
リーズ。1960年代の
もので、アーモンドス
カッチが入っていた。

ルネサンス絵画のような繊細で優美な絵を缶
に使用。中でも写真・上の通称"双子缶"は、
今でも記憶している人が多いという。この双子
缶や、130ページの"おとぎ話缶"は平たい壺
のような形をした、今となっては見かけない変
わった形の缶だが、当時、メリーチョコレート
ではよく使用していた型の缶だった。もしかし
たら、どこかの製缶工場に金型が残っている
かもしれない。資料によると、この"双子缶"
は1960年に起用した、デザイナーの中島康正
氏によるデザインと思われる。

大森時代　1969年〜

131ページの"双子缶"同様、こちらもいまだ、記憶に残っている人が多いという"お祈り缶"（正式名は「バレンタインお祈り缶」）。1971年に発売されたものだ。中にはチップチョコレートが入っていた。

赤や黒、"メリーチョコレート"では定番である赤のタータンチェックの八角形の缶には、エンボス加工が施された金の天使があしらわれている。この"天使缶"は人気を博し、数年にわたり使用されたという。

八角形・赤のタータンチェックのチョコレートの缶という現在でも"メリーチョコレート"で大切に使われている形と柄の缶が、当時、すでに誕生していたという証だ。

天面にも側面にもバラをあしらったゴージャス、そしてエレガントな丸缶。ブルー、紫を巧みに使った配色が目を引く。

イタリア産の栗をナポレオンブランディ入りの糖蜜で漬け込んだ"メリーのマロングラッセ"。1972年から現在に至るまで、根強い人気を誇る。そのマロングラッセが入っていた、印象派的な絵画の缶。メリー式の美学を感じる。

1980年代〜

80年代に発売された缶は、今のお菓子缶に比べると"とんがった"印象だ。黒地にゴールドのフォント。ポイントに赤をあしらった色使いなど、まさにバブル時代を反映した"とんがった色使い"だと言える。幾何学的な印象のデザインなのもそうだろう。また「ファンシーアメリカン」という商品名に沿ったとはいえ、マンハッタンの摩天楼のイラストを缶に使用したところも、80年代らしい。どちらも系統は違うが、あの時代のアーバンな空気感を感じさせる。

1990年代〜

80年代後半から90年代前半にかけ日本経済がバブル崩壊に向かうと、世の中のブームも一変。アーバンなものからナチュラルなものへと、ファッションも暮らしも移行していった。90年代の"メリーチョコレートの缶"を代表するのが、植物や自然をモチーフにしたものだ。

通称"リス缶"は長い間人気を博した。これも"メリーの定番缶"である八角形缶を使用している。

2000年代〜

"かわいい"が世界を席巻した2000年代にはさまざまな形の"かわいい"缶が登場した。そしてまだまだ登場するだろう。

2000年頃に出された、イギリスの缶のような"総柄プリント"の缶。日本ブランドのものとは思えない、ヨーロッパの香りがするデザインだ。社内のデザイナーが手がけた。

2020年バレンタイン商品として発売された、「はじけるキャンディチョコレート。アソートメント缶」。この缶が登場したときのSNSのザワつきはすごかった。クリームソーダブーム、そしてここ10年ほど続く昭和レトロブームの波にのり、発売後、即完売。バレンタインまでまったくもたなかった。品切れが続く中、再販希望の声が多く寄せられ、満を持して再販。その後も再販に次ぐ再販（現在終売）。社内の若きデザイナーが、考案したという。ここから"メリーの快進撃"が続く。

※2023年バレンタインにも再度登場する。

2022年のバレンタインには、「はじけるキャンディチョコレート。（百貨店限定ピンク缶）」が発売。こちらの争奪戦もすごかった。（現在終売）

2021年11月に予約販売をした「オンライン限定　メリー×古川紙工　はじけるキャンディチョコレート。オリジナルコラボBOX」。（現在終売）

バレンタイン限定、かつイオン限定の、メリーチョコレート・ブランド「スイーツビュッフェ」。2022年のデザインはいちごのショートケーキをモチーフにした。1月中に完売してしまい、バレンタイン記事で取り上げる予定が取り上げられなくなってしまった。写真のスクエア缶の他、丸缶バージョンもあった。2023年バレンタインにも再度登場する。

そして2022年9月1日、新たなお菓子缶「メリーズコレクション」が発売。1960年代から出している八角形缶を継承し、側面には、これもまた長きにわたってパッケージに使用してきたタータンチェックをあしらった。

神戸凬月堂

戦火を
くぐり抜けた
ゴーフル

これが戦火をくぐり抜けたゴーフル缶。デザインは現在のものとほとんど変わらず。フォントもわずかに違う程度。高さは現行のものよりも約2cm低いが、直径は現在のものよりもわずかに大きい。これは戦前の手焼きゴーフルが直径約18cmあったのに対し、戦後は衛生的な量産を目指し、電機式にしたことでゴーフルの直径が1cmほど小さくなったことに起因する。

1897年12月に開店。1926年、洋行帰りの顧客がフランス菓子を持参し、「日本でも作ってみてはどうか」と提案したのが"神戸凬月堂のゴーフル"の始まりであった。当時の和洋菓子の技術者が、ただ真似るのではなく、日本人の嗜好に合うように試作・研究を重ね、1927年に商品化された。今に続く、"神戸銘菓・ゴーフル"の誕生である。

時は流れ、1945年6月5日。神戸大空襲により「神戸凬月堂」も灰燼に帰し、重要書類などすべて焼失。唯一、当時の社長夫人が疎開先に持っていったゴーフルの缶だけが戦火を逃れ、手元に残った。戦後復興の原点ともなったゴーフル缶。現在も"社宝"として大切に保管されている。

こちらが現在のゴーフル缶。ほとんどデザインを変えていないことがわかる。現在、販売中のゴーフルで、"戦火をくぐり抜けたゴーフル缶"にいちばん近いのは、最大サイズ・ゴーフル21枚入の「ゴーフル25S」。買うならば絶対にこのサイズを推したい。

1962年に発売された、ピンクと白を基調とした初代「プティーゴーフル」缶。

1962年、顧客の声から生まれた小ぶりサイズ（直径7.5cm）のゴーフルである「プティーゴーフル」。「プティーゴーフル」が生まれた時代、ことアパレル業界では"カラー時代"に突入。さまざまな百貨店がカラーキャンペーンを展開したり、ヒッピー文化の影響からサイケデリックカラーが流行っていた。そのため、そんな時代を反映して明るい色彩の缶を作ったという。70年代のファンシーグッズを思い出すような、懐かしいかわいらしさがあるデザイン。

1975年に登場した角缶。初代缶のデザインを踏襲している。

1984年から現在まで使われている缶は、天面に神戸北野異人館をプリント。側面のアヤメの花を様式化したモチーフは受け継がれている。

1970年、大阪府吹田市で開催された「日本万国博覧会」。通称「大阪万博」を記念して作られたオリジナルゴーフルの缶。こちらも「プティーゴーフル」の初代缶の流れを汲んだ、ピンクと白を基調にして作られた。

昭和50年代の喫茶店ブームにのり、**1977年**「コーヒーゴーフル」を発売。人気フレーバーだったが、時代の流れもあり、2003年に終売。こっくりとした、落ち着いた赤が美しい缶。

デセールショアジ

1978年 の「デセールショアジ」の美しき缶は、今でも十分に目を引く、華やかでエレガントなデザイン。多くの人の心を捉えたデザインだったため、2005～2008年に1度復刻販売した。再度復刻を希望したい。中には、1967年、創業70周年を記念して生まれたクッキーが入っていた。

パレ・オ・ショコラ

1981年 に開催された、「神戸ポートアイランド博覧会」を記念して作られたオリジナルゴーフル缶。白とブルー、港町・神戸らしいさわやかな色調やいかりのマーク、そして側面には神戸ポートタワーや神戸大橋、旧ハッサム住宅など神戸の名所が描かれている。

1984年 に発売した「コウベゴーフル（大）」。ネイビーカラーとゴールド、トラディショナルな色で構成された楕円形の缶は、正統派の美しさを持つ。ただこの缶には1つおもしろいトリビアがある。ふた裏に運勢表があるのだ。実は当時の社長が、歌手であり運勢学家でもある橋幸夫氏と親交があり、橋氏監修の運勢表を載せることにしたという。

シティループ　ポートタワー　六甲山

風見鶏の館　南京町　いかり山・市章山

六甲山に南京町、ポートタワーに風見鶏の館……神戸の代表的な風景をデザインしたミニゴーフル缶は、**1987年**発売のロングセラー商品だ。現在の柄のラインナップになったのは1993年。味のある鮮やかな版画を手がけるのは、版画家の川西祐三郎氏。氏の父である川西英氏の絵は、「三越伊勢丹＆美術館・博物館コラボレーションギフト」でも「ゴディバ」で使用されている。それだけ人の心を捉える作品なのだろう。父子ともに作品がお菓子の缶になるのは、日本初ではないだろうか。
神戸六景ミニゴーフル（全6種）

年末年始に人気の「干支ミニゴーフル」は**2000年**から発売を開始（正確には前年の1999年12月）。初年から2019年まで「神戸六景ミニゴーフル」と同様、川西氏が絵を手がけた。のちに出る「賀正缶」や「宝船缶」も川西氏の絵が缶を彩った。年末、デパートで見かけるとクリスマスから正月気分に切り替えてくれる、大好きな缶だ。

2020年子年より干支缶はデザインが変更となった。

初の「干支ミニゴーフル」缶。2000年は辰年であり、勢いのある干支が初代缶になるという、縁起のいいスタートをきった。

"干支缶"の人気を受け、2005年には「賀正缶」が発売となる（正確には2004年12月発売）。さらに2004年には「宝船缶」も発売。現在も賀正缶はある。

レスポワール

1976年に誕生した、ゴーフルとは別の、良質なバターと卵、小麦粉をリッチに使った「神戸凮月堂」の焼き菓子ブランド。2021年5月。45年ぶりにブランド全体のデザインを一新。「花缶」にリニューアルした。「花缶」にはそれぞれテーマがあり、それに沿う花言葉を持つ花が描かれている。

1980年当時の「ゴーフレール」。

「レスポワール」ブランドの代表菓子である「レスポワール」。モノトーンのシックな世界観からピンクへ。缶には「希望」の花言葉を持つ、白いガーベラや白いアネモネなどが描かれている。
【バタークッキー】
レスポワール L10SN 24枚

「ゴーフレール」は、「感銘」や「愛情」の花言葉を持つピンクのバラや赤いコスモスをちりばめた。
【ミルフィーユショコラ】
ゴーフレール G10SN 12個
※チョコレートを使用しているため、5～9月中旬までは販売停止。

1976年当時の「レスポワール」。

レーズンを使った菓子のため、「陶酔」の意を持つぶどうに合わせたパープルを基調とし、「成熟した大人の魅力」の意を持つカトレアをデザインした。
【レーズンサンドクッキー】
シモサン S12SN 7本

「希望」の花言葉を持つアーモンドの花やヒナギクを描くことで、この缶のテーマである「幸福」につなげた。
【アーモンドとマカダミアナッツのクッキー】
ドリカポ D10SN 15枚

「ドリカポ」が誕生した1978年当初は、「ドリヤード」という名前だった。その当時の缶は、「神戸凮月堂」にも残っていない。白い缶とグリーンの花のコントラストが印象的な美しい缶は2021年まで使用されていた。

1998年当時の缶。この缶は1998年から2021年4月まで使用されていた。なお、1980年、「シモサン」発売当時はシルバーの缶だったという。

モロゾフ

1931 年、神戸で創業したモロゾフ。創業時より、「スイーツを通じた贈り物文化」を提案してきた同社は、優れた美しいパッケージ作りにも力を入れていた。そのため、現在もデザインを継承している缶がある。

1973年 12 月、チャイコフスキーの「白鳥の湖」に登場するヒロイン "オデット姫" からインスピレーションを受けた「オデット」が誕生。パッケージは当時としてはめずらしいつば付きのアールのふただった。「まあきれい!」「素敵な缶ね」と非常に好評だったという。しかし時代の流れとともにパッケージや中身のお菓子も変化。2002 年にはパッケージもオデット姫から緑が印象的な花柄のものとなった。そして 2011 年。創立 80 周年の機に初代パッケージを復刻。大好評を受け、現在も継続している。

1971年、発売当時の「アルカディア」の缶。デザインは変わらず、当時のものを使用している。日本古来の蒔絵をイメージした金と黒のデザインは、当時の企画担当の従業員が手描きで起こしたもの。海外のデザイン賞も受賞した。

1975年 に発売した、4 種のパイが入った「ティーブレイク」。しかも甘いパイではなく、スパイスやチーズを使った今でいう "大人味のパイ" が入っていた。1975 年代において、これは画期的だったのではないか。商品には幸せを象徴する青い鳥とそれを取り囲むよう、細やかに草花が描かれている。実に美しい。そして 2021 年。約半世紀の時を経て、創立 90 周年に合わせデザインを復刻した。

2021 年に復刻したデザイン。

発売当時のデザイン。

index

142

て　DEAN & DELUCA
　　https://www.deandeluca.co.jp/
　　天王寺動物園
　　https://www.tennojizoo.jp
　　デンメアティーハウス
　　https://www.demmer.co.jp/
と　TOKYO CROWN CAT
　　https://www.rakuten.ne.jp/gold/tokyocrowncat/
　　東京都恩賜上野動物園
　　https://www.tokyo-zoo.net/zoo/ueno/
　　東京ラスク
　　https://www.tokyorusk.co.jp/
な　NAKAO（なかお）
　　https://www.nakao-shop.jp/
　　長崎堂
　　https://www.nagasakido.com/
　　中島大祥堂
　　https://www.nakajimataishodo-shop.jp/
に　日東産業
　　https://www.nittoh-s.jp
ね　NAKO LAB
　　https://nekolab.gift/
の　ノーチューイングアラウド！
　　https://nochewingallowed.jp/
は　hi-cheese（ハイチーズ）
　　https://hi-cheese.shop
　　HAPPY SUGAR
　　https://happy-sugar.shop/
　　パティスリーアンフルール
　　https://unfleur-ec.shop/
　　パティスリーガレット
　　https://galette.cc/
　　パティスリージャンゴ
　　https://ginkgo2017.com/
　　パティスリーリョウラ
　　https://www.ryoura.com/
　　パティスリーレジュールウールー
　　https://ljh.theshop.jp
　　パティスリーレ・ド・シェーブル
　　https://yagimilk.jp/
　　花と寅／ハナトトラオカシブ
　　https://hanatotora.com/
　　ハラペコラボ
　　https://harapecolab.base.shop/
　　PARIYA
　　http://pariya.jp/
　　パレスホテル東京
　　https://www.palacehoteltokyo.com/
　　坂角総本舗
　　https://www.bankaku.co.jp/shop/default.aspx
　　阪急うめだ本店
　　06-6361-1381
　　BUNDY BAKE
　　https://omame.stores.jp/
ひ　HINANOYA（ひなのや）
　　https://hinanoya.co.jp/
ふ　ファット ウィッチ ベーカリー
　　https://www.fatwitch.co.jp/
　　フーシェジャパン
　　http://www.matsukazeya.co.jp/syouhin/foucher/
　　foucher.html
　　フェアリーケーキフェア
　　https://fairycake.jp/
　　富士サファリパーク
　　https://www.fujisafari.co.jp/
　　ブロードエッジ・ファクトリー
　　https://cookieunion.jp/

へ　BAKER（ベイカー）
　　https://bakermasako.shop/
ほ　ポアール
　　https://poire.co.jp/
　　ポーラ美術館
　　https://www.polamuseum.or.jp/
　　ボーアンドボン
　　https://www.beau-bon.com
　　北陸製菓（hokka）
　　https://hokka.jp/
　　ホテルニューオータニ
　　https://www.newotani.co.jp/tokyo/
　　ホテルメトロポリタン
　　https://ikebukuro.metropolitan.jp/
　　堀内果実園
　　https://horiuchi-fruit.jp/
ま　マイネローレン
　　03-3354-0653
　　マウントマヨンジャパン
　　https://www.mountmayonjapan.com/
　　ママン・ガトー
　　https://maman-gateau.com/
　　マモン・エ・フィーユ
　　https://me-f.jp/
　　万平ホテル
　　https://www.mampei.co.jp/
み　三島食品
　　https://www.mishima.co.jp/
　　三鷹の森ジブリ美術館（※予約制）
　　https://www.ghibli-museum.jp/
　　三越伊勢丹
　　https://www.mistore.jp/shopping
む　ムーミンバレーパーク
　　https://metsa-hanno.com/
　　村岡総本舗
　　https://www.muraoka-sohonpo.co.jp/
め　メリーチョコレートカムパニー
　　https://www.mary.co.jp/
　　メレ・ド・ショコラ
　　https://www.meledechocolat.net/
も　森永製菓
　　https://www.morinaga.co.jp/
　　モロゾフ
　　https://www.morozoff.co.jp/
や　焼き菓子屋ラ・フイユ
　　https://lafeuille.amebaownd.com/
　　山本商店
　　https://h-yamamoto.co.jp/index.html
ゆ　豊産業
　　https://www.yutaka-trd.co.jp/
よ　ヨックモックミュージアム
　　https://yokumokumuseum.com/
ら　ラ・キュール・グルマンド
　　https://curegourmande.jp/
　　卵明舎
　　https://ranmeisya.com/
り　リーガロイヤルホテル
　　https://www.rihga.co.jp/
　　Ricca Ricca
　　https://ricca-iseshima.com
　　リントンズジャパン
　　https://ringtons-japan.jp/
る　ル ブルターニュ
　　https://le-bretagne.com/
ろ　六花亭
　　https://www.rokkatei.co.jp/
わ　和光
　　https://www.wako.co.jp/

143

中田ぷう（なかたぷう）

お菓子缶研究家・フードジャーナリスト。東京生まれ。
大手出版社勤務後、2004 年にフリーランスに。祖
父に買ってもらった「CHARMS（チャームス）」の缶
をきっかけに、以来 47 年間、お菓子缶を偏愛する
ようになる。所有するお菓子缶の数は 1000 缶以上。
今は亡き祖父の部屋をお菓子缶部屋として使用させ
てもらっている。2021 年に前著となる『素晴らしきお
菓子缶の世界』（光文社）を刊行。

缶専用インスタグラム：@pu_nakata_tin

1974 年に発売となった「ヨックモッ
ク」の二代目シガール缶。自分の
缶コレクションの中でも "宝物" の
部類に入る。"昭和感" の強いパッ
ケージのお菓子入れとして、いま
だ現役。

Staff

本文デザイン・装丁　藤崎良嗣 五十嵐久美恵（pond inc.）
撮影　石田純子（光文社写真室）

もっと素晴らしきお菓子缶の世界

2023 年 1 月 30 日　初版第 1 刷発行

著者　中田ぷう

発行者　三宅貴久
発行所　株式会社　光文社
　　　　〒 112-8011　東京都文京区音羽 1-16-6
電話　編集部 03-5395-8172　書籍販売部 03-5395-8116　業務部 03-5395-8125
メール　non@kobunsha.com
落丁本・乱丁本は業務部へご連絡くだされば、お取り替えいたします。

組版　萩原印刷
印刷所　萩原印刷
製本所　ナショナル製本